更遗憾的进化 3

〔日〕今泉忠明 编 〔日〕下间文

南海出版公司

序

自“遗憾的进化”系列第一本出版已经过去了5年。

说实话，起初有人和我说想要做一本关于“遗憾的动物”的书时，我有些犹豫：

动物们有什么让人遗憾的地方？该如何与读者分享这些遗憾之处呢？

在交流过程中，我渐渐有了方向——“遗憾”，其实是动物们“进化”的证明。

动物、植物等各类生物在一步步进化，拥有了令人敬佩的长处，也存在令人感到遗憾的地方。

而作为动物界的一员，人类也是如此。

我收到了许多来自读者朋友的温暖留言，这个系列让大家领悟到了生物的多样性，获得了活力和勇气，真是深感荣幸。

当然，像“太搞笑了！”“真有趣！”这样的反馈也不在少数。

大家如此喜爱这一系列的书，令我满心欢喜。

今后，我会再接再厉，将更多生物的遗憾之处展现给大家。

今泉忠明

新经典文化股份有限公司
www.readinglife.com
出　品

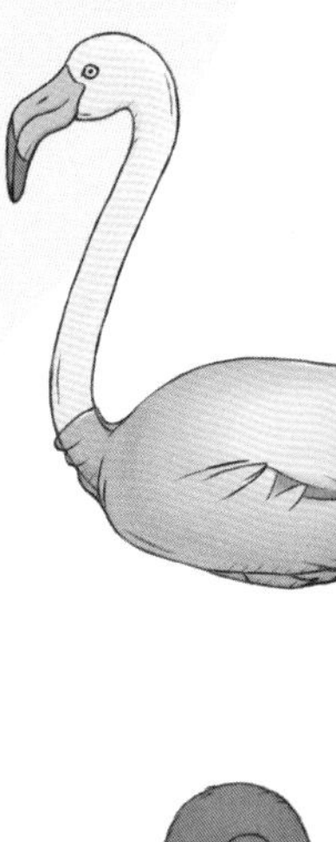

目 录

序 ······ 2

第1章 让人遗憾的进化小漫画 10～21

第2章 让人遗憾的小讲究

巨鹱的蛋奇臭无比，100年气味也不会散 ······ 24
黑帽卷尾猴紧张时会用尿洗手 ······ 25
山地大猩猩在好不容易铺好的床上拉屉屉 ······ 26
貉用便便传递信息 ······ 28
粗喙象用螨虫盛装打扮 ······ 29
水豚宝宝会喝其他水豚妈妈的乳汁 ······ 30
车前草生长在人流不息的道路上 ······ 31
食蟹猕猴用人类的头发清洁牙齿 ······ 32
北美�的约会是一场全力冲刺的比赛 ······ 33
斑鸫走起路来，像在玩“红灯停绿灯行” ······ 34
鲯鳅看到漂浮物就会忍不住凑过去 ······ 35
更格卢鼠故意把食物放到发霉 ······ 36
雄弹涂鱼会不停亲吻雌鱼的脸颊，试图引起对方的注意 ······ 37
豹灯蛾一看到火就会奋不顾身地扑过去 ······ 38
蓝翠蛛一看到镜子就会跳舞 ······ 39
美洲野牛嗓门越大越不受欢迎 ······ 40
日本真双身虫不合体就无法成年 ······ 41

沼泽带鸦的歌单早已过时 …… 42
颜蜡蝉屁股朝前生活 …… 43
雄性红耳龟面对喜欢的雌性会狂扇对方耳光 …… 44
黑鹭在晴天打伞 …… 45
鸮鹦鹉表白能不能成功，取决于树上的果子够不够多 …… 46
动物大集合：雌雄形态大不同 …… 48

勇往直前的进化1 不可思议的哺乳动物 …… 50

第3章 让人遗憾的身体

火烈鸟常常被装在长筒丝袜里运输 …… 54
雄性袋獾一旦被抓住尾巴，就无法转身 …… 55
郁金香的花瓣看起来有6片，其实只有3片 …… 56
藏狐看上去总是生无可恋 …… 57
角蝉的角个性十足，但作用是个谜 …… 58
马达加斯加叶尾守宫长得像孩子笔下的卡通形象 …… 60
香蕉越难看越好吃 …… 61
哈兹卡盗龙虽然是恐龙，但怎么看都像鹅 …… 62
海参被揉来揉去会化成糊 …… 63
奥氏蜜环菌是全球最大的生物，却很不起眼 …… 64
水母全身都是水 …… 65
大食蚁兽的嘴只能张到一元硬币大小 …… 66
瓦氏眶灯鱼可以瞬间脱光鳞片 …… 67
雄性侧带拟花鮨总是贴着“膏药” …… 68
蠵龟一不小心吃成了大头 …… 69

雌性棉顶绒怀孕时，雄性会跟着一起长胖……70
白蚁身体的三分之一以上都被其他生物占据……71
五彩鳗的性别和年龄都写在身上……72
北极兔趴着和站着反差很大……74
鲍鱼其实是一种海螺……75
动物大集合：稀奇古怪的卵……76
勇往直前的进化2　外形奇特的鱼……78

第4章　让人遗憾的生活方式

王企鹅打架就像闹着玩……82
鸽子的粪便可以制造炸弹……83
考拉经常被人类抱着寿命会变短……84
土豆一度被人们嫌弃……85
海獭不梳理毛发就会有生命危险……86
撒哈拉银蚁总是在和时间赛跑……87
圆球股窗蟹无时无刻不在搓沙球……88
泛美地懒大规模死亡的罪魁祸首是自己的便便……89
斑马爸爸不允许女儿结婚……90
红松鼠在妈妈的焦虑中长大……92
绿短革鲀水性不佳……93
蝉有时会弄错时间，在夜里鸣叫……94
食人鲳让人闻风丧胆，其实是胆小鬼……95
虎头海雕不擅长捕猎，横行霸道……96
假鳃鳉等到每年湖水干涸后，就会死亡……97

驼鹿打架时鹿角会相互缠住，甚至有生命危险……98
雄性澳链尾蝎下落不明……99
伊犁鼠兔因为声音太小而濒临灭绝……100
贝加尔海豹是幸存的迷路者……101
灰翅喇叭鸟会耐心等待猴子掉落的食物……102
长鼻猴会因甜蜜的果实而丧命……103
动物大集合：个性十足的幼体……104
勇往直前的进化3 能适应各种环境的爬行类、两栖类……106

第5章 让人遗憾的能力

卷甲虫转弯的秘密被发现了……110
霸王龙竟然跑得比人还慢……112
貘通过喷洒尿液彰显魅力……113
栉蚕会从脸颊两侧喷射黏液……114
宽叶香蒲一碰就会“爹毛”……115
阿拉伯大羚羊喜欢一门心思向前冲……116
长竹蛏很容易被抓住……117
白头海雕成为夫妻需要勇气……118
小眼绿鳍鱼因为胸鳍太大，无法逃走……119
细足珊瑚寄居蟹身为寄居蟹，却不能搬家……120
巴西达摩鲨通过在猎物身上挖洞来取食……121
海象通过歌唱比赛争夺老大的位子……122
虎纹天蚕蛾遇到危险就会产卵……123
环尾狐猴体味越小，身体越差……124

尖牙鱼颜色太黑，在深海里很难被看清……125
小抹香鲸会喷射粪便，趁机逃跑……126
剪嘴鸥狩猎全靠运气……127
长颈鹿投降时蹭对方的脖子……128
兰州龙的牙齿巨大无比，但它们只吃柔软的食物……130
美丽尾瘦虾冒着生命危险给鱼刷牙……131
动物大集合：奇特的育儿方法……132

勇往直前的进化 4　拥有特殊能力的鸟类……134

第 6 章　让人遗憾的搭档

老鼠其实不喜欢吃奶酪……138
狮子也并不讨厌吃草……139
樱井蛙只有在繁殖季节才会变软……140
髭蟾只有在繁殖季节才长刺……141
猪笼草是树鼩的厕所……142
然后，树鼩会落入猪笼草的陷阱……143
非洲艾虎特别臭……144
巨魔芋的花也特别臭……145
赤大袋鼠兴奋时分泌鲜血般的液体……146
沙大袋鼠兴奋时舔自己的胳膊肘……147
吸血蝠互相分享血液……148
西部洞穴蝾螈以蝙蝠的粪便为食……149
章鱼被海豚当球玩儿……150
但是，海豚可能会被章鱼噎死……151

印度犀难以抵挡蚊子的攻击……152
蚊子会记仇……153
猫尝不出甜味……154
狗尝不出咸味……155

索引……156

翻页动画小剧场

令人遗憾的乐队成立，一起演奏吧！……23~159

※ 说明

本书每页标题中的名称多为一类生物的统称，“生物名片”部分介绍的中文名如果与标题中不同，通常为该类生物中的某一物种。

第1章

让人遗憾的进化小漫画

生物在不断进化。

一个名叫“遗憾”的男孩怀着“我也想进化”的梦想，

和女孩“高桥”[①]及“可惜”老师一起探讨进化的奥秘……

①“遗憾的进化”系列的日本出版方为“高桥书店”。

终于找到你了，
遗憾同学……
今天是你
值日吧？
嗖嗖——嗖
抱歉，
高桥同学。
那些都不
重要了……
从今天起，
我要成为翱翔高空
的鸟中之王！
抖擞抖擞抖擞

哦，是吗？
小心别感冒了。
等一下！
我还有话要说！

长话短说。
我听说……

鸟类其实是……
幸存下来的恐龙！

中国鸟龙示意图
鸟类的祖先是恐龙！
人们在中国古老的地层中发现了不可思议的恐龙化石，化石上竟然能看到羽毛的轮廓。
科学家推测，这种长羽毛的恐龙幸存下来，进化成了如今的鸟类……
也就是说，如果我也能忍受严寒，就可以长出羽毛。
总有一天可以翱翔天际！
哦？
羽毛可以帮它们保持体温。※
※ 关于羽毛的作用，目前说法不一。
可惜啊!!
这声音是
教了几十年生物课的……
嗒
嗒
可惜老师！
啊，实在是太可惜了！
我来给你们讲讲进化的奥秘吧。
跟我来！
好的，老师！
好想回家……

※ 人们习惯将灵长类统称为“猿猴”，但实际上猿无尾，猴有尾，猿体形更大，智能更发达，和人的亲缘关系更近。

人类是如何进化的?

人类的祖先“猿人”，从生活在森林中的古猿进化而来。

那时候，由于气候变化，森林减少，猿人败给了其他古猿，它们被驱逐出森林，走向草原。※

大多数猿人因饥饿死去。

不过，猿人中也出现了“怪胎”（基因突变体）。这种怪胎可以两腿站立。

在草原上，能站立的一方往往更有生存优势。因此，双腿站立的猿人得以繁衍。

此外，直立使它们的身体能够轻松地支撑起沉重的头部。

它们的脑袋变大了，但身体还能保持平衡，自由地活动。

大脑新皮质（智能）越来越发达，能够记住许多事情、相互交流。

知识的增加又提高了思考能力（智力），人类开始动脑筋，开发各种技能。

就这样，人类在地球上繁衍生息，日益兴旺起来！

※普遍认为人类的祖先因地理环境变化而迁移。

猿人进化成人的契机是双腿直立，对吧？
所以，遗憾同学……
完，全，没听懂！
你也太诚实了吧！
原来如此……
你不妨试试单腿站立，超越人类吧！
超越
没错!!
哇啊啊啊!!

咳，咳，
听好了，
生物进化是有条件的！

喂，别这样说，这孩子会信以为真的。
哎？不是这样吗？
嘁
别逗他

进化的3大条件

1 生存环境的巨大变化

气候、栖息地、食物、天敌等发生巨大变化。

2 基因突变

新生幼崽通过基因变异获得特殊的体形和能力，恰好适合在新环境中生存。

3 广阔的空间

拥有广阔的空间，可供基因突变的新生幼崽生活。

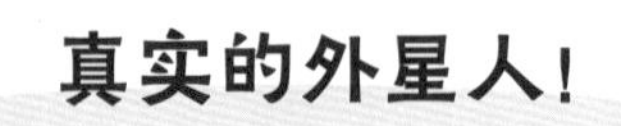

设想1 体形变得无比庞大?!

在太空中会处于失重状态，无论多么庞大的生物，都不会坠落或动不起来。所以，宇宙人或许身高10米左右。

设想2 身体变得无比柔软?!

在宇宙里，身体会一直悬浮在空中，只用一点点力气就可以移动。身体无须骨骼和肌肉支撑，说不定外星人全身都软绵绵的。

设想3 皮肤变得无比坚硬?!

宇宙空间遍布各种射线，会对人体造成损伤。或许有一天，会出现能够反弹放射线的外星人。

东南亚的巴瑶族无需潜水装备便能潜入海里，靠捕鱼为生。他们的脾脏有普通人的 1.5 倍大，可以在水深 60 米处潜水 10 分钟以上。
实际上，地球上的某些地方就存在着因突然变异而拥有特殊能力的人。
南美洲卡马罗内斯山谷的居民，从古至今一直饮用含有剧毒“砷”的水。他们的身体可以分解毒素，排毒能力也很强。
太厉害了！
进化需要花费几千年，甚至几万年的漫长时间，
其间也不乏牺牲者。
考考你们！如果进化赶不上环境变化的速度，会发生什么？
呃，我想想……
会灭绝！
知道了吗？

※宾果（bingo）是一种抽奖游戏。

未来究竟是令人遗憾，还是一片光明，也许取决于每一个人。

第2章

让人遗憾的小讲究

本章介绍的生物都有些固执的小讲究，

会让你忍不住感叹：

“就算讲究，也不至于这么夸张吧……”

翻页动画小剧场

令人遗憾的乐队成立，

一起演奏吧！

巨鹱的蛋奇臭无比，100年气味也不会散

巨鹱（hù）是一种海鸟，它们不仅吃鱼，还吃鲸鱼和海豹的尸体。臭烘烘的“唾液弹”是它们的必杀技——**当敌人靠近时，它们会将胃里的食物和油喷出去，赶走对方。**

不仅如此，巨鹱还会**将臭烘烘的油吐在巢上**，以防敌人靠近。

更厉害的操作是，为防止敌人吃掉鸟蛋，巨鹱**索性给鸟蛋也蒙上一层臭味**。这种气味非常强烈，有鸟蛋在博物馆里**存放了100年，蛋壳上依然有臭味飘散出来**。巨鹱一直被熏天的臭气包围，这样的生活真是令人窒息啊！

生物名片

鸟纲

■**中文名** 巨鹱
■**栖息地** 南极圈附近及太平洋、印度洋、大西洋南部的海岸
■**大小** 全长约89厘米
■**特点** 看起来像大号的海鸥，但并非海鸥的同类

Q 有刺无刺铁甲虫背上长满了什么？ ➡ 答案见第26页

黑帽卷尾猴紧张时会用尿洗手

在演讲或比赛前感到紧张时，大家是如何让自己平静下来的？有人会做几个拉伸动作，也有人会在手心上来回画十字祈祷，总之，每个人都有自己的方法，五花八门。

不止人类会紧张。黑帽卷尾猴一般过着群居生活，当它们**遇到比自己强大的对手时，会用自己的尿液洗手来放松**。研究表明，当黑帽卷尾猴**处于高度紧张的状态时，用小便洗手可以减少激素的分泌量**。不过，缓解紧张情绪的方法那么多，这应该是下下策吧。

生物名片

哺乳纲

- **中文名** 黑帽卷尾猴
- **栖息地** 南美洲东北部的森林
- **大小** 体长约45厘米
- **特点** 以聪明著称，会用石头敲碎坚果

山地大猩猩**睡觉前会给自己做一张床**。它们将叶子和树枝收集起来铺在地上，然后躺在上面打滚。虽然这样的行为令人非常想称赞它们“很棒”，但如果看到它们下一秒**立即在自己铺好的床上狂拉大便**，你会一下子清醒过来：它们终究只是大猩猩。

不过这并无大碍——山地大猩猩主要以坚硬的树皮和树枝为食，它们的**粪便又硬又脆**，不但不会弄脏身体，还能起到御寒的作用。不仅如此，山地大猩猩**偶尔还会把粪便当零食吃**，这样可以高效地摄取营养。

这样看来，它们不愧是充满智慧的大猩猩，连自己的大便都能充分利用。

生物名片

哺乳纲

- **中文名** 山地大猩猩
- **栖息地** 中非的森林
- **大　小** 体长约1.7米
- **特　点** 一天能吃下30千克的草和叶子，排便5～6次

A 第24页的答案 ➡刺。

山地大猩猩在好不容易铺好的床上拉屁屁

貉用便便传递信息

行走于山野间，偶尔会看到几十厘米高的粪堆。这很可能是貉（hé）的粪堆，多个貉**家庭之间会设立“公共厕所”，便便堆积成小山。**

这样做是为了**用粪便来交流信息**。貉通过嗅闻粪便的气味知道家人和邻居的**身体状况、最近去过的地方以及食物的下落，甚至还能发现是否有入侵者。**

然而，这种交流方式也有问题。如果很多貉都想上厕所，就必须排队。这样一来，难免会出现尴尬的情况——好不容易快排到了，却实在憋不住了。

生物名片

哺乳纲

- **中文名** 貉
- **栖息地** 东亚的森林
- **大小** 体长约55厘米
- **特点** 不仅会爬树，还会闯入居民区

Q 裸海蝶用于捕猎的触手叫什么？ ➡ 答案见第30页

粗喙象用螨虫盛装打扮

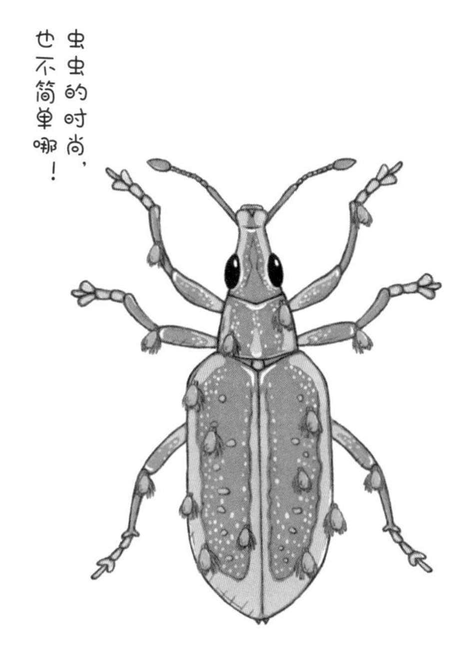

象甲俗称象鼻虫，它们和双叉犀金龟（独角仙）等一样，同属于甲虫类，也就是鞘翅目。它们伸着象鼻般的长嘴，吸食花朵深处的花蜜和种子的内芯，在植物的茎上钻洞产卵。

象鼻虫种类丰富，**目前已确认的约有 6 万种，它们有的看上去像花，有的长得和蜘蛛一模一样**。生活在哥斯达黎加森林中的一种粗喙象拥有闪闪发光的鳞片，看起来**就好像装饰着金银线，上面还点缀着红色的珠宝**。然而，这些珠宝实际上是一种叫赤螨的螨虫。粗喙象看起来光鲜亮丽，其实不断地被赤螨吸食养分，这样的装扮真是华而不实。

生物名片

昆虫纲

■**中文名** 粗喙象
■**栖息地** 中美洲哥斯达黎加的森林
■**大小** 体长约1厘米
■**特点** 绿色的花纹会像蝴蝶的鳞粉一样剥落

水豚宝宝会喝其他水豚妈妈的乳汁

水豚集群生活，通常 10 ~ 20 只组成一个团体，成员包括一只雄性、数只雌性和许多水豚宝宝。成员之间联系紧密，**群体里的成年水豚会协力育儿**。

因此，水豚妈妈都会大方地**将自己的乳汁喂给其他宝宝**，实现“共享母乳”。

不过，不知是乳汁的味道还是供给量有差异，水豚妈妈的人气有高有低。**受欢迎的水豚妈妈身边挤满了水豚宝宝**，简直人山人海，不，应该说是“豚山豚海”。看来共享母乳系统也并非十全十美。

生物名片

哺乳纲

- **中文名** 水豚
- **栖息地** 南美洲的草原
- **大小** 体长约1.2米
- **特点** 水豚宝宝遇袭时，父母会保护它们

A 第28页的答案 ➡ 口锥。

车前草生长在人流不息的道路上

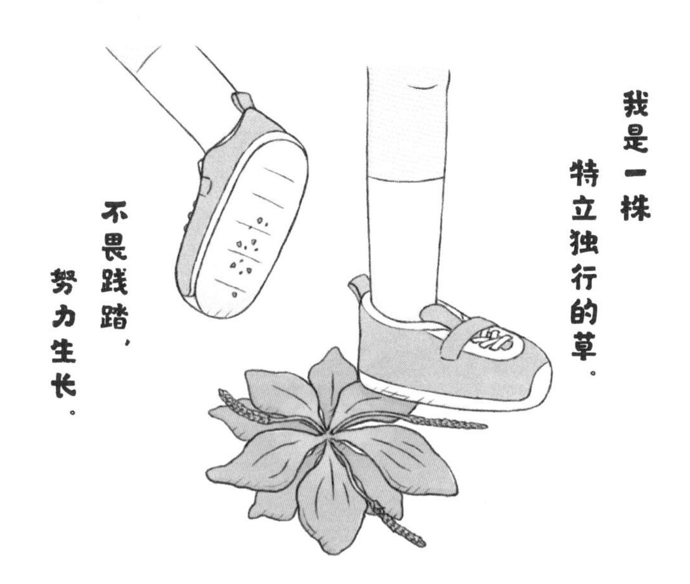

植物通常不会生长在人来人往的道路上，因为叶和茎很容易被压折、踩断，在被踩得十分坚硬的土壤中也难以生根。可是，车前草偏要在这样的路上生长。

车前草的种子被雨露打湿后，会迅速吸收水分。然后它们会分泌出一种黏稠的液体，被人或动物踩到时，便可以**粘在其脚底**。就这样，它们的**种子被带到远方，遍布各个角落**。

特立独行的车前草选择了一条危险的生存之道。虽然这份勇气值得称赞，但它们只能一直被人踩在脚下了。

生物名片

被子植物门

■**中文名** 车前草

■**栖息地** 亚洲的草地、田间和道路旁

■**大小** 高约30厘米

■**特点** 到了春天，会开出穗状的小花

食蟹猕猴用人类的头发清洁牙齿

在泰国的华富里市，食蟹猕猴**被视为“神的使者”，它们备受保护，在城市里随处可见。**

或许是知道谁也不会冲它们发火，看到长头发的人，食蟹猕猴会**冷不防地拔下对方的头发，然后把它当作牙线，清理卡在牙缝中的食物残渣。**

更过分的是，母猴还会在幼崽面前夸张地晃着拔下来的头发，好像在说：“看，用这牙线剔牙太棒了，你要不要试试？”久而久之，泰国人对猴子的信仰多少会有些动摇吧。

生物名片

哺乳纲

- **中文名** 食蟹猕猴
- **栖息地** 东南亚的森林
- **大小** 体长约45厘米
- **特点** 除了吃螃蟹，也会吃树木的果实

Q 水蚤遭遇危险会怎么样？

➡ 答案见第34页

北美鸊鷉的约会是一场全力冲刺的比赛

北美鸊鷉（pìtī）想和异性约会可不是件容易的事。为了确认对方是否适合做自己的伴侣，雌鸟会对雄鸟进行一项测试——**检测雄鸟在水面上冲刺的时间是否比自己更久**。

在水面上冲刺，是不能使用翅膀的。我们在漫画里看到过忍者在水面上飞速疾走的场景，雄鸟冲刺的动作和他们如出一辙。北美鸊鷉的**冲刺速度最快可达每秒 20 步，能持续约 7 秒，冲刺距离最长 20 米。雌鸟通过这种方式摸清雄鸟的体力，挑选更强壮的雄鸟结婚**。

生物名片

鸟纲

- **中文名** 北美鸊鷉
- **栖息地** 北美洲的湖泊、海岸
- **大小** 全长约64厘米
- **特点** 秋季会成群结队迁徙到美国加利福尼亚等沿海地区

斑鸫走起路来，像在玩“红灯停绿灯行”

斑鸫（dōng）是一种冬候鸟，每年 10 月左右从西伯利亚迁徙到日本各地。到日本后，它们栖息在田野或草原上，以蚯蚓和昆虫为食，一直生活到春天才离开。

斑鸫**寻找猎物时，走路方式有些与众不同**。它们目不转睛地望着天空，接着**突然“嗒嗒嗒”小跑几秒，又马上停下，再次盯着天空，**如此重复这一系列动作。

之所以这样走路，是因为草原上没有可以藏身的地方，斑鸫**需要时刻注意周围是否有敌人存在**。但不知情的人大概会以为它们在玩“红灯停绿灯行”的游戏呢。

生物名片

鸟纲

■**中文名** 斑鸫
■**栖息地** 东亚、俄罗斯东部的森林、农田和住宅区
■**大小** 全长约24厘米
■**特点** 喜欢在地上蹦蹦跳跳地走路

A 第32页的答案➡头部会长角，让敌人无从下口（但需要花费几乎整整一天的时间）。

鲯鳅看到漂浮物就会忍不住凑过去

鲯鳅（qíqiū）有着扁平的身体，体形庞大，体长可达 2 米。它们被捕捞上岸后，鳞片会闪烁七色光芒，因此也被称为“彩虹鱼”，很受钓鱼爱好者的欢迎。

然而，**鲯鳅是一种洄游鱼，会在广阔的大海中远距离游泳**。那么，钓鱼的人要如何找到它们呢？

原来，鲯鳅会**主动接近浮木、浮标等漂浮在海上的物体**。因此，只要把钓鱼线抛掷到漂浮物的附近，就可以让它们轻松上钩。

鲯鳅**接近漂浮物的原因目前尚不明了**，但如果是为了藏身，那可真是适得其反。

生物名片

硬骨鱼纲

- **中文名** 鲯鳅
- **栖息地** 广泛分布在温暖海域中
- **大小** 全长约2.4米
- **特点** 雄鱼额头隆起，长着大脑门

更格卢鼠故意把食物放到发霉

更格卢鼠生活在沙漠中，几乎不喝水，**只靠植物种子中的水分来润一润嗓子**。它们在洞穴中储存着数量惊人的种子，仅一个房间就存有 6 千克，接近它们体重的 20 倍。

不过，存放在房间里的种子很快就会变干。所以，更格卢鼠决定**让种子发霉。霉菌不仅可以防止种子变干，还能增加种子里的水分。**

人类有时也会因为忘记食用而把食物放到发霉，这时就不得不扔掉。而对更格卢鼠来说，放到发霉再享用，水分十足、味道刚刚好。

生物名片

哺乳纲

- **中文名** 旗尾更格卢鼠
- **栖息地** 北美洲南部的沙漠和草地
- **大小** 体长约15厘米
- **特点** 后腿较长，擅长跳跃

Q 八齿鼠饿了吃什么？

➡ 答案见第38页

雄弹涂鱼会不停亲吻雌鱼的脸颊，试图引起对方的注意

弹涂鱼栖息在泥沙滩涂上。雄鱼的求爱方式非常热情——发现雌鱼时，首先会通过**反复跳跃来凸显存在感**。一旦喜欢的雌鱼靠近，雄鱼则会表演一种求偶的“摆尾舞”，邀请对方进入自己的巢穴：“要不要来我家坐坐？”

就算它们喜结连理了，雄鱼仍会继续表达爱意。**它们会跟自己所爱的雌鱼脸贴脸，甚至亲吻对方的脸颊**。雄鱼时常向前游一会儿便停下，转过身回到雌鱼身边，再次亲吻对方，无心顾及周围的一切。

不过，**有时候雌鱼并不喜欢这样的亲吻，便会扭头就跑**。

生物名片

硬骨鱼纲

- **中文名** 弹涂鱼
- **栖息地** 东亚的河口、海岸
- **大小** 全长约10厘米
- **特点** 可以用皮肤呼吸，因此常栖息在陆地上

豹灯蛾一看到火就会奋不顾身地扑过去

豹灯蛾是一种在夜间活动的蛾类。夏季夜晚，它们**在月光的指引下，径直向前飞行。**

但是，它们似乎分不清是什么在发光，常常误把路灯和自动售货机的灯光当作月光，聚集在光源周围，**有时甚至会扑入熊熊燃烧的火堆中，被活活烧死。**

豹灯蛾在日语中的名字“火取蛾”正是取自它们的习性。**“飞蛾扑火”这个成语也源自于此**，比喻“自寻死路、自取灭亡”。

生物名片

昆虫纲

- **中文名** 豹灯蛾
- **栖息地** 北半球的森林、草地
- **大小** 体长约3厘米
- **特点** 从城市的公园到海拔2000米处，随处可见

A 第36页的答案➡牛粪。

蓝翠蛛一看到镜子就会跳舞

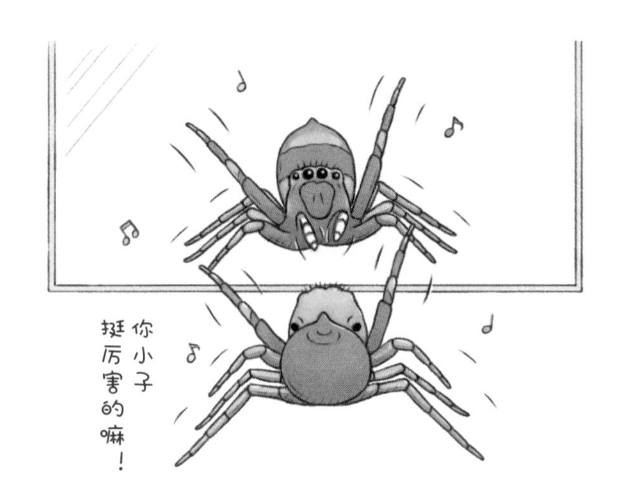

蓝翠蛛这种蜘蛛特别喜欢吃蚂蚁。它们**总是抬起前足，做出古人高呼万岁的姿势**，这种行为其实是在模仿蚂蚁。它们通过模仿动作来误导遇到的蚂蚁，**让对方以为自己是同伴，就在对方毫无提防之时，一口咬住对方或抢走其幼虫吃掉。**

如果将一面镜子放在蓝翠蛛面前，它们就会不停地上下摆腿，好像在用手旗打旗语。乍看是它们在欣赏自己的舞姿，实际上是**把镜中的自己当成了其他雄性竞争对手，于是挥动腿脚来威吓对方。**蓝翠蛛可以巧妙地骗过蚂蚁，却会被一面镜子欺骗。

生物名片

蛛形纲

■ **中文名** 蓝翠蛛
■ **栖息地** 东亚的平原
■ **大小** 体长约6毫米
■ **特点** 身上黑色、蓝色的毛闪耀着光泽

美洲野牛嗓门越大越不受欢迎

夏季是美洲野牛繁殖的季节。每到这时，雄性便会发出叫声来吸引雌性的注意，但令人意外的是，**叫声洪亮的雄性反而不受欢迎**。

研究表明，**与不受欢迎的雄性美洲野牛相比，最受欢迎雄性的叫声，音量只有其 2/3**。这大概是因为雄性嗓门太大，容易被认为是怒吼，令雌性**感到害怕而不愿靠近**。

想要得到雌性的青睐，雄性美洲野牛**就必须下功夫调整音调的高低和发声时间的长短**，看来这也是门很深的学问呢！

生物名片

哺乳纲

- **中文名** 美洲野牛
- **栖息地** 北美洲的草原
- **大小** 体长约3米
- **特点** 体形庞大，已知最大的美洲野牛重1.7吨以上

Q 草原犬鼠怎么向伙伴传递安全的信息？

➡ 答案见第42页

日本真双身虫不合体就无法成年

日本真双身虫是一种寄生虫，寄生在鲤鱼、鲫鱼等鱼类的鳃部。它们看上去就像一只张开翅膀的蝴蝶，但实际上，这是两只日本真双身虫结合在一起的样子。

日本真双身虫的幼虫从卵中孵化后，便会游入水中，伺机寄生在鱼的鳃部。接下来，这只幼虫会**与另一只同样寄生在鳃部的幼虫同伴合体，发育为成虫，靠吸食鱼类鳃部的血液度过余生。**

两只日本真双身虫的身体紧紧相连，如果被强行拉开，就会双双死去。所以，它们也被视为爱情的象征。但不要忘了，它们虽然是模范夫妻，却是靠强行夺取他人的血液来维持生命的。

生物名片

单殖吸虫纲

- **中文名** 日本真双身虫
- **栖息地** 亚洲、欧洲的河流
- **大小** 全长约7毫米
- **特点** 寄生虫，但不会寄生于人体

沼泽带鹀的歌单早已过时

在人类世界，新歌层出不穷，流行趋势也在不断变化。然而，**雄性沼泽带鹀（wú）500 多年来只会唱 3 ~ 5 首歌。**

沼泽带鹀幼鸟通过模仿身边的成鸟来学唱歌曲，用歌声与同伴交流。这歌可不是随便挑选的，**而是要看周围同伴们都在唱什么歌**。也就是说，越是经典、流行的歌，越容易被幼鸟学习和传唱。

从另一种角度来看，在沼泽带鹀的世界，**500 多年来流行从未改变**，相当于**现代的人仍然唱着明朝的歌**。

生物名片

鸟纲

- **中文名** 沼泽带鹀
- **栖息地** 北美洲的沼泽
- **大小** 全长约14厘米
- **特点** 腿很长，有时在浅水中捕食

A 第40页的答案➡摆出膜拜的姿势。

颜蜡蝉 屁股朝前生活

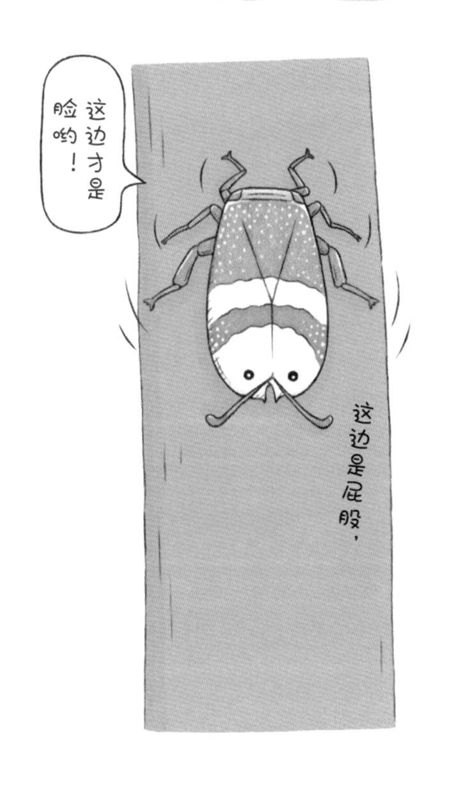

颜蜡蝉和放屁虫（椿象）同属于半翅目，远看头上似乎长着两根长长的触角，但其实这边**是屁股**。它们的屁股和象甲的头部几乎一模一样。

不仅如此，颜蜡蝉还会向后行走。不仅头部和屁股外表相反，**就连走路的方向都是反的，这让它们的屁股看起来更像头部了。**颜蜡蝉以这样的方式，保护着自己宝贵的脑袋。但毕竟屁股上不长眼睛，**它们偶尔也会没有安全感，这时候就会像其他昆虫一样向前走了。**

而一旦与敌人碰面，颜蜡蝉会拍拍翅膀，马上逃走。

生物名片

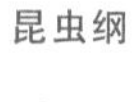

昆虫纲

- **中文名** 颜蜡蝉
- **栖息地** 亚洲、大洋洲、非洲的森林
- **大小** 体长约2厘米
- **特点** 幼虫时期，腹部末端长有像触角一样的长突起

雄性红耳龟面对喜欢的雌性会狂扇对方耳光

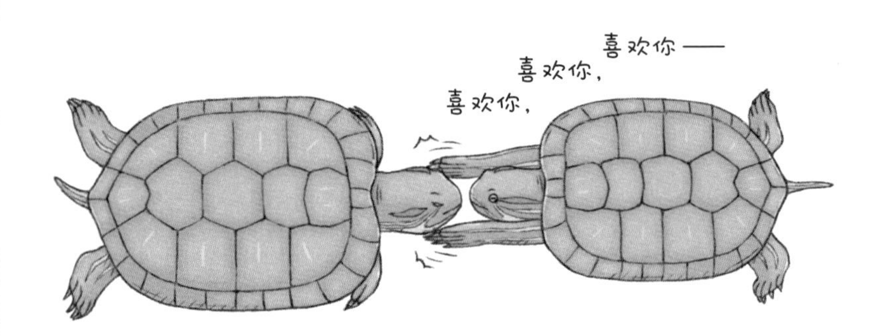

红耳龟原本栖息于北美洲，在中国也叫“巴西龟”，在日本以“绿龟”这一名字为人所熟知。它们在世界各地被当作宠物饲养，逃出来的则成为野生动物。

雄性红耳龟会通过“打耳光”来表达爱意。**求偶时，雄龟会拦在雌龟面前，双手靠近对方的脸快速抖动，左右扇个不停。**

这动作看起来一点儿也不绅士，好在其**力道大概和女性在脸上拍打化妆水差不多**，雌龟并不会因此受伤。如果**雌龟被打完耳光后静止不动，那么恭喜这一对速配成功了！**

生物名片

爬行纲

- **中文名** 密西西比红耳龟
- **栖息地** 北美洲的池塘、湖泊
- **大小** 背甲最长可达28厘米
- **特点** 作为入侵物种，在中国、日本泛滥成灾

Q 艾草松鸡选择结婚对象时最看重什么？ ➡ 答案见第46页

黑鹭在晴天打伞

黑鹭常常**站在水中，张开翅膀围成一圈，把头埋在中间**。这种奇怪的姿势**看上去就像撑着一把黑色的伞避雨**。

然而，它们在雨天不会摆出这样的姿势，大多在天气很好的时候“打伞”。因为晴天时阳光照在水面上很晃眼，黑鹭难以看清水下的情况，于是**用翅膀制造阴影，方便看到在水中游曳的鱼**。另有一种说法是，这样做可以**引诱喜欢聚集在阴影处的小鱼等猎物**。

不管怎么说，黑鹭的一身黑衣想必会吸收很多热量，阳光强烈的时候，还是把自己藏在阴凉处比较舒服吧。

生物名片

鸟纲

- **中文名** 黑鹭
- **栖息地** 非洲中部到南部的水边
- **大小** 全长约50厘米
- **特点** 捕食鱼、蛙等

夏季的夜晚，新西兰的森林里有时能**听到低沉而奇特的嗡嗡声**。有那么一瞬间，听到的人或许会以为是谁的手机在响。其实，声音来自一种不会飞的鸟——鸮（xiāo）鹦鹉，这是雄鸟正在向雌鸟**表达爱意**。

不过，这样的表白，每2～7年才能听到一次。鸮鹦鹉需要充足的食物来养育孩子，但**每隔2～7年，它们喜欢的果实才会大量结果**。所以，**只有在树上结满果实的年份，雄鸟才有资格向雌鸟示爱**。

看来鸮鹦鹉的嗡嗡声不是寒暄，而是幸福和喜悦的呐喊！

生物名片

鸟纲

- **中文名** 鸮鹦鹉
- **栖息地** 新西兰的森林
- **大　小** 全长约60厘米
- **特　点** 长寿，甚至能活到90岁以上

A 第44页的答案➡胸部。

鸮鹦鹉表白能不能成功，取决于树上的果子够不够多

雌性
这辈子就这样了。
雄性
雄性是什么？喵——
三花猫
从科学角度讲，公三花猫的出生率约为三万分之一，基本可以忽略，所以绝大多数三花猫都是母猫。
蓑蛾
虽然是蛾类，但雌性一生都是幼虫的形态，而且一直躲在蓑衣里。
雄性
雌性
绿叉螠（yì）
雌虫能长到约1米长，雄虫只有几毫米长，并且寄生在雌虫身上，非常奇特。
雌性
雄性
我可不是小疙瘩！
密刺角鮟鱇
雌鱼身体上的疣状物便是雄鱼。雄鱼从雌鱼身上获取营养，并逐渐与雌鱼融为一体。

它们真的是同类吗 ?!

动物大集合：雌雄形态大不同

大多数生物都分为雌性和雄性，雌雄交配，繁衍后代。
同一种生物的雄性和雌性通常看起来很相似，
但也有一些生物的雌性与雄性外表差异很大，
让你忍不住怀疑：它们真的是同类吗 ?!

三叶虫红萤

最早被发现的是雌虫，但由于外形差异很大，人们费了很大工夫才找到雄虫。

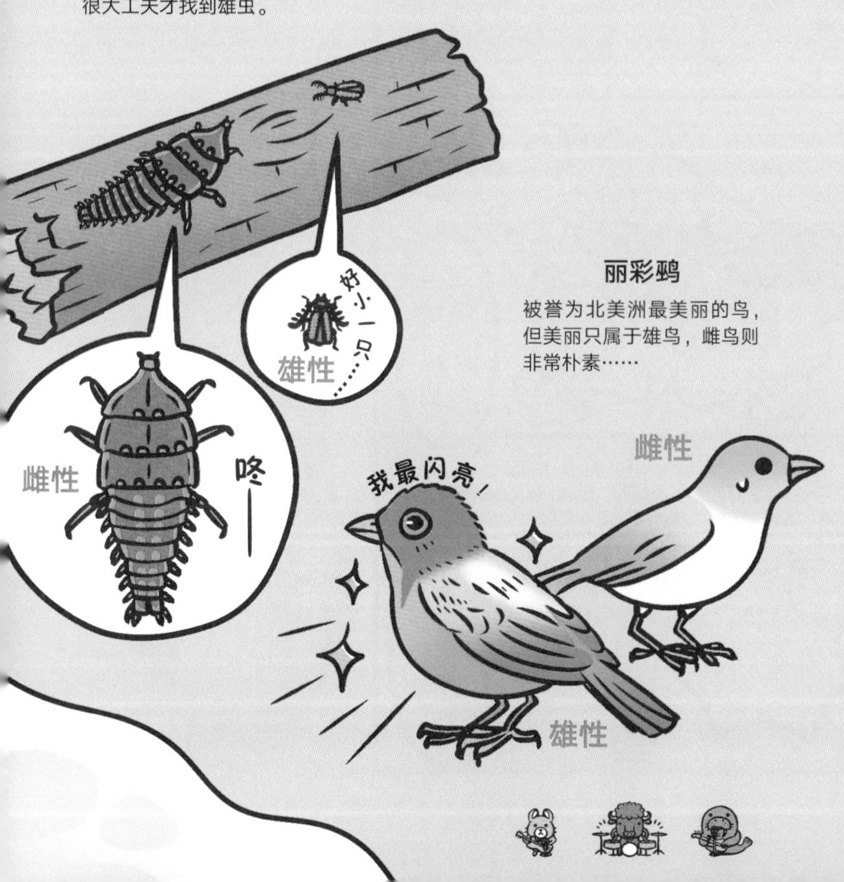

丽彩鹀

被誉为北美洲最美丽的鸟，但美丽只属于雄鸟，雌鸟则非常朴素……

※生物分类从大到小的等级依次是界、门、纲、目、科、属、种。这部分介绍的是在科、属、种下都唯一的奇特动物。

各位好，我是指猴。日本有一首关于我的儿歌颇受欢迎，但说实话，我并不觉得自己可爱。黑漆漆的毛发、滴溜溜转的大眼睛，还有长长的手指……人类是如何想出这么一首儿歌的啊？

指猴

指猴科指猴属的唯一物种

1 不可思议的哺乳动物

嗨，你们好，我是鸭嘴兽。我第一次被发现时，因为外表太稀奇，被误以为是人类恶作剧的产物。虽然哺乳动物不应该从卵里孵化出来，但我的的确确是卵生，而且爪子还有毒。希望大家把这些看作我独特的魅力。

大家好，我是土豚！虽然名字里有个“豚”字，但我和猪没有一点儿关系哟。我喜欢在夜间活动，人类很难抓到我，所以我的生活至今是个谜，非常神秘。让人不可思议的可不仅仅是我的外表哟！

鸭嘴兽

鸭嘴兽科鸭嘴兽属的唯一物种

土豚

土豚科土豚属的唯一物种

第3章

让人遗憾的身体

不管是人类，还是其他生物，

大家的身体各有特点。

本章介绍的生物会让你不禁想去深究：

“为什么它们会长成这样啊?！”

火烈鸟常常被装在长筒丝袜里运输

火烈鸟也叫红鹳（guàn），有着鲜艳的粉红色身体，美丽而优雅。不过，在来到动物园之前，火烈鸟必须经历一段不太美好的时光。

众所周知，火烈鸟的脖子和腿十分纤长，所以，**搬运时让它们站在车上会失去平衡，非常危险**。不仅如此，它们在车里会**兴奋地乱跑，翅膀可能会受伤**。

于是，人们想出了**“长筒丝袜收纳法”**。首先，剪掉长筒丝袜脚的部分，做成筒状，然后把火烈鸟的腿折叠在身下，裹在袜筒里。这样便可以安全地运输它们了。虽然看上去不太雅观，但我们能够观赏到多种多样的动物，还多亏了这样的小妙招。

生物名片

鸟纲

- **中文名** 大红鹳（guàn）
- **栖息地** 南欧、非洲、南亚的湖泊和海岸
- **大小** 全长约1.3米
- **特点** 会“呱呱”地大声鸣叫

Q 草履虫大约可以分裂多少次？

➡ 答案见第56页

雄性袋獾一旦被抓住尾巴，就无法转身

袋獾（huān）长得讨人喜爱，但其实是“黑化”了的考拉（树袋熊）。它们的所作所为简直就像小恶魔：**夜里到处寻找腐肉，叫声令人毛骨悚然，下颚的力量强到能咬断金属丝网。**

如此强悍的袋獾也有弱点——**一旦被用力抓住尾巴，就动弹不得。**这是因为雄性袋獾的尾巴中储存着脂肪，尾巴和身体都圆滚滚的，无法灵活地移动。不过，这个方法对雌性或幼小的袋獾不奏效，所以千万不要大意，以为抓住了对方的弱点，结果很可能被打个措手不及。

生物名片

哺乳纲

- **中文名** 袋獾
- **栖息地** 澳大利亚塔斯马尼亚岛的森林
- **大小** 体长约60厘米
- **特点** 夜行性动物，白天在巢穴里休息

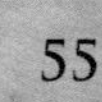

郁金香的花瓣看起来有6片，其实只有3片

吃草莓时，你会不会去掉下面绿色的部分？这部分叫作“花萼”。**花萼的作用是保护花蕾，它包裹住花蕾，直到其绽放。**

但郁金香的花萼深藏不露。准确地说，我们能看到，但意识不到那是郁金香的花萼。

其实，郁金香花最外侧的3片不是花瓣，而是萼片。当萼片完成保护花蕾的任务后，便会从绿色变成花朵的颜色，**佯装成花瓣留在原处**。

这可能是为了让花朵看起来大一些，这样更容易吸引昆虫来传播花粉。

生物名片

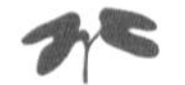
被子植物门

- **中文名** 郁金香
- **原产地** 土耳其
- **大小** 高约50厘米
- **特点** 现有8000多个品种

A 第54页的答案 ➡700次左右（然后就会死去）。

藏狐看上去总是生无可恋

藏狐生活在中国、尼泊尔等国家的高原上。它们在高海拔的草原上生活（最高海拔超过 5000 米），主要以兔子和鸟的尸体为食。

也许正是因为生活环境十分恶劣，藏狐夫妻间的关系非常亲密和睦。雄性和雌性结成伴侣后，常常一起行动，只有死亡才能将它们分开。夫妻俩不仅互相分享食物，还会共同养育幼崽。

虽然**如此相亲相爱，它们却总是一副生无可恋的表情**，仿佛在说："日子嘛，凑合着过吧。"

生物名片

哺乳纲

- **中文名** 藏狐
- **栖息地** 中国、尼泊尔、印度的高山草甸
- **大小** 体长约60厘米
- **特点** 生活在岩石下或石缝中

世界上有超过3000种角蝉。**它们的角形状各异，似乎都在极力避免和其他同伴“撞衫”。**

有些角蝉的**角酷似植物或其他昆虫**，例如丽绿刺角蝉和球结拟蚁角蝉，它们以此**来欺骗敌人的眼睛**。然而，这只是一小部分，**大多数角蝉的角并没有实际作用。**

比如，新鹿角蝉的角如同鹿角，但如果是想假扮成鹿，它们的体形却和鹿有着天壤之别，显然不合理吧？巴西角蝉的角像天线，但真的能接收到无线电信号吗？弯月角蝉则将自己拗成“C”形，如此费劲的装扮又是何苦呢？随着更多角蝉被发现，谜团也越来越多。

巴西角蝉

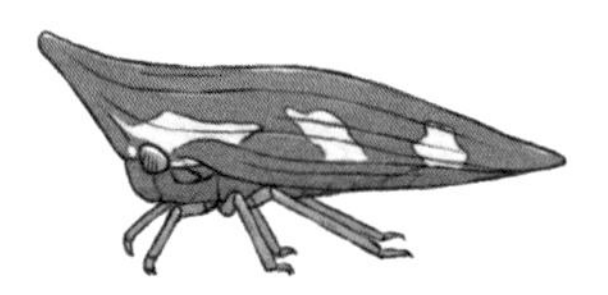

条纹锐胸角蝉

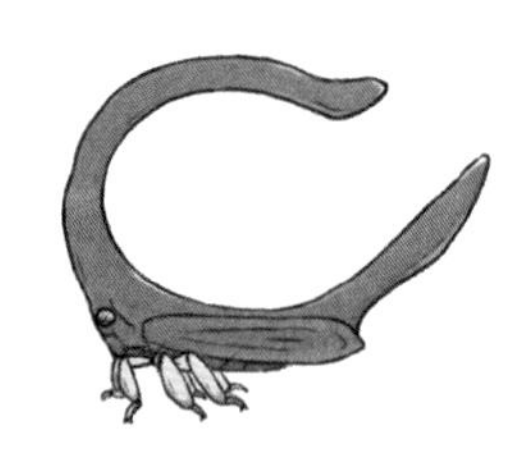

弯月角蝉

生物名片

昆虫纲

- **中文名** 角蝉（角蝉科的统称）
- **栖息地** 世界各地的森林，以热带为主
- **大　小** 体长约7厘米
- **特　点** 大多雌雄异形

角蝉的角个性十足，但作用是个谜

大旗角蝉

长角小枝角蝉

球冠角蝉

球结拟蚁角蝉

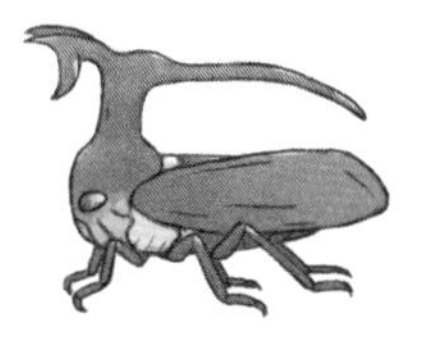

新鹿角蝉

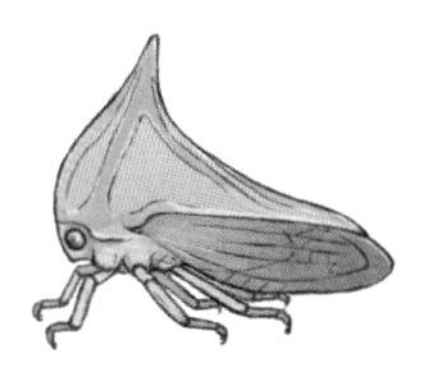

丽绿刺角蝉

大集合

马达加斯加叶尾守宫长得像孩子笔下的卡通形象

马达加斯加叶尾守宫是**捉迷藏的高手**，可以随意变换身体的颜色。不仅如此，它们的尾巴像叶子一样扁平，身体和腿的侧面有凹凸不平的褶皱，全身上下都没有直线形轮廓和花纹，可以**自然地融入树皮和枯叶间**。

如果还是被发现了，马达加斯加叶尾守宫便会**张大嘴巴，露出红色的舌头来威吓对方**。不过，这个动作和它们大大的头、圆圆的眼睛搭配在一起，**简直就是孩子笔下的卡通形象**。它们看起来像是能从嘴里发射激光的怪兽，实际上喷不出任何东西。

生物名片

爬行纲

■**中文名** 马达加斯加叶尾守宫
■**栖息地** 非洲马达加斯加岛的森林
■**大小** 全长约30厘米
■**特点** 尾巴的形状酷似铲子

A 第58页的答案 ➡像狗一样汪汪叫。

香蕉越难看越好吃

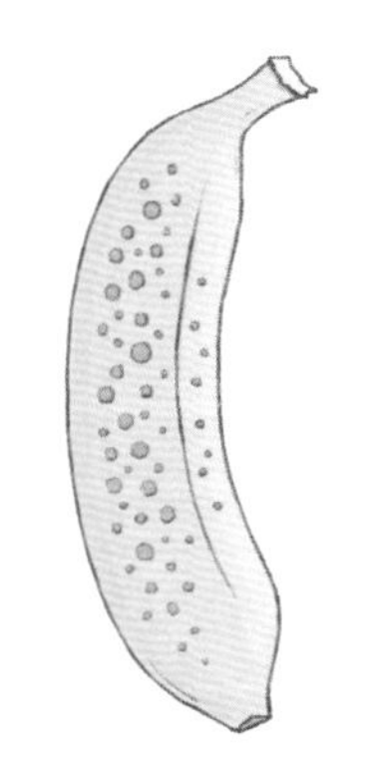

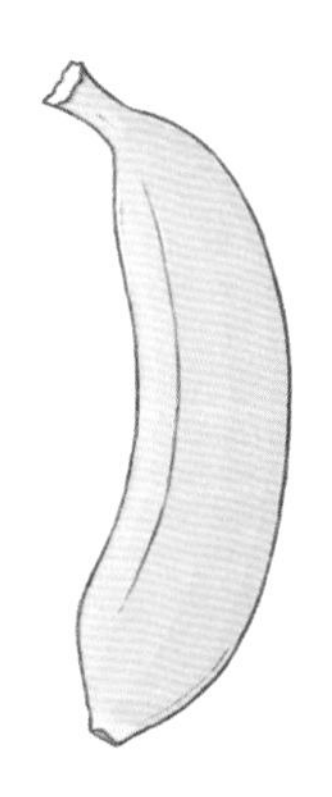

哪个更好吃？

放了一段时间后，香蕉的表皮会出现褐色的斑点，渐渐变得越来越黑，看上去很像发霉，令人担心是否变质了。其实，这样的香蕉并没有坏，反而更加美味。

褐色斑点俗称“梅花点”，是香蕉成熟的标志。**皮上带有梅花点的香蕉比青黄色的香蕉更加香甜**，还含有更丰富的多酚类物质，有助于保持年轻、预防衰老。

不过，这并不是说香蕉越黑就越好。如果剥开皮闻到一股酸味，那么很可能已经熟过头，腐烂变质了，垃圾桶是它最好的归宿。

生物名片

被子植物门

- **中文名** 香蕉
- **原产地** 东南亚的热带地区
- **大小** 食用部分长约15厘米
- **特点** 看上去像树，其实是草本植物

遗憾度

哈兹卡盗龙虽然是恐龙，但怎么看都像鹅

这张图画的可不是鹅哟！如果只看这张图，你可能会觉得哪里不对劲，就像日本动画片被翻拍成了好莱坞真人电影。这种动物名为哈兹卡盗龙，是一种**真实存在于约 7000 万年前的恐龙**。

哈兹卡盗龙和水鸟一样，**水陆两栖**。它们的吻部非常敏感，即使在一片漆黑的水中也能精准察觉鱼的行踪，将其捕获。另外，它们不仅可以用鳍状的前肢游泳，还能用长而强壮的后腿蹬地奔跑。

哈兹卡盗龙**虽然是恐龙，但仅有大约 80 厘米长，个头也和鹅差不多大**。

生物名片

爬行纲

- **中文名** 埃氏哈兹卡盗龙（已灭绝）
- **栖息地** 蒙古的水边
- **大小** 全长约80厘米
- **特点** 长有细小的牙齿，捕鱼为食

Q 树懒每周从树上下来一次，是为了做什么？ ➡ 答案见第64页

海参被揉来揉去会化成糊

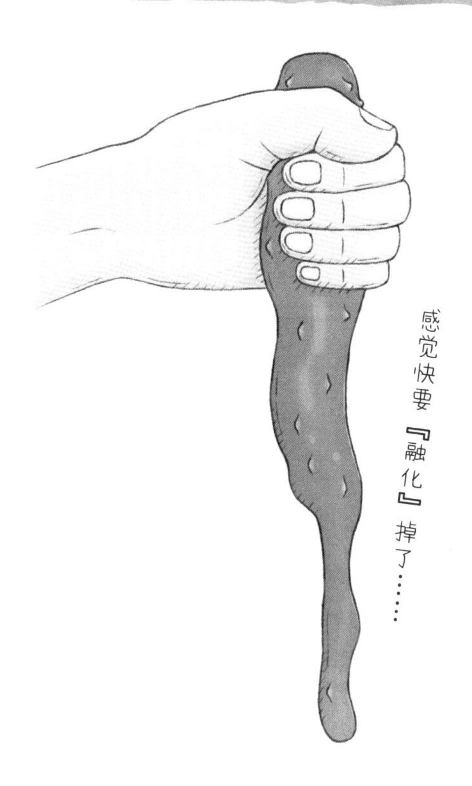

很多生物都有坚硬的壳，用来抵御敌人的攻击、保护自己不受伤害，但**也有一种生物反其道而行之，一旦遇到敌人反而会变得柔软**。

绿刺参被触碰后，起初会变硬，**但经过 1 ～ 2 分钟的连续挤压后，会突然吐出内脏**，然后开始“融化”，变得黏糊糊，仿佛可以从手指间溢出来。

这时，你可能会担心它是不是死掉了。但只要把它浸泡在海水中，**几天后就会恢复原貌**。不过，这似乎是绿刺参的保命底牌了，还请手下留情，温柔地对待它吧。

生物名片

海参纲

- **中文名** 绿刺参
- **栖息地** 太平洋的温暖海域
- **大小** 体长约30厘米
- **特点** 与其他海参相比，身体更加棱角分明，横截面呈方形

奥氏蜜环菌是全球最大的生物，却很不起眼

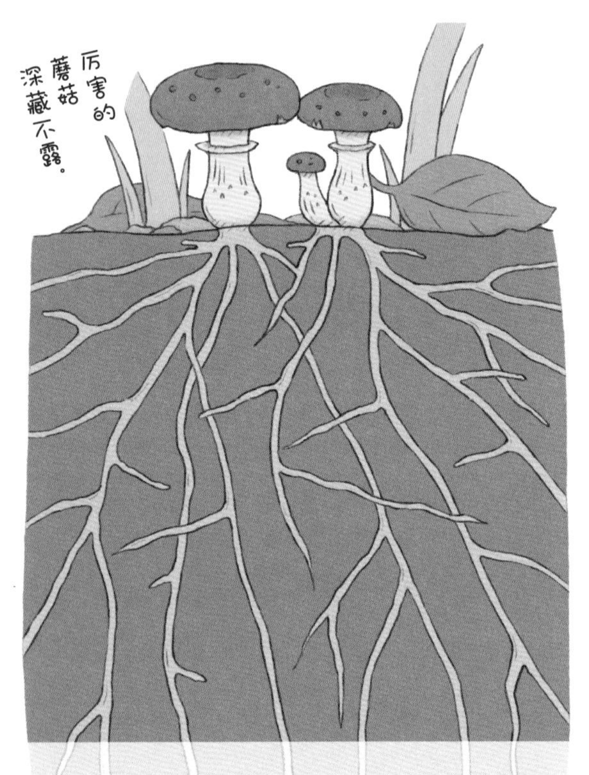

奥氏蜜环菌是一种生长在枯死的水青冈及针叶树上的蘑菇。一到秋天，它们就会撑起直径 10 厘米左右的褐色“小伞”。可千万不要小看它们，**伞状的菌盖只不过是奥氏蜜环菌的冰山一角，广布地下的菌丝才是它们的主体。**

在美国俄勒冈州森林发现的奥氏蜜环菌，**菌丝覆盖面积约 9.1 平方千米**，至少 2400 岁，预估重量为 7567 ~ 35 000 吨。它是**目前世界上最大的生物，遥遥领先于其他生物**。然而，由于身体 99% 以上的部分都埋藏在地下，看上去一点儿也不起眼。

生物名片

真菌界

■**中文名** 奥氏蜜环菌
■**栖息地** 亚欧大陆、北美洲、非洲的森林
■**大小** 伞部直径约10厘米
■**特点** 食用可能引发中毒

A 第62页的答案 ➡排便。

水母全身都是水

水母身体的主要成分是水。它们不仅没有骨头，连大脑和心脏都没有，**水分大约占其身体的 95%，含水率和果冻差不多。**水母的英文名 jellyfish，可以说十分生动了。

“水母粉碎机”就是利用这一特性制作出来的。当水母泛滥、影响到捕鱼时，**渔民就会用网格状的粉碎机将水母切成碎块。这样一来**，无数水母碎块散落在海中，但不会成为垃圾。全身是水的水母，**死后也将融入大海。**

生物名片

钵水母纲

- **中文名** 巴布亚硝(xiāo)水母
- **栖息地** 东南亚帕劳群岛的沿岸
- **大小** 伞部直径约20厘米
- **特点** 和章鱼一样有8条长长的口腕

大食蚁兽的嘴只能张到一元硬币大小

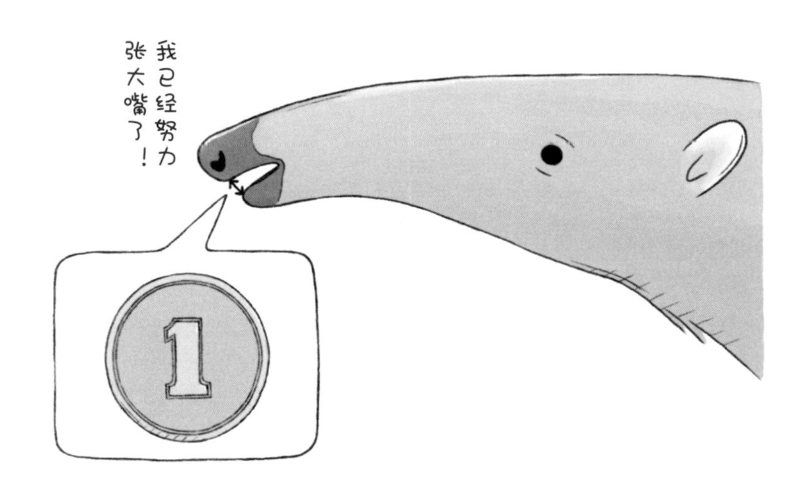

大食蚁兽的吻部占了**头部的一半以上**。当它们发现蚁丘时，会用锋利的爪子捣毁蚁丘，把长长的吻探进挖开的洞里，然后伸出 60 厘米长、满是黏液的舌头，**舔食洞里的白蚁。舌头进出的频次可达到每分钟 160 多次。**

这样看来，大食蚁兽应该也可以轻松吃掉其他昆虫。不过，它们的嘴只能张开**一元硬币大小**。

正因如此，**它们嘴部肌肉逐渐退化，牙齿也消失了**。于是，大食蚁兽只能以白蚁为食，将其整个吞下，无须咀嚼。

生物名片

哺乳纲

■**中文名** 大食蚁兽
■**栖息地** 中美洲到南美洲的草原和湿地
■**大小** 体长约1.1米
■**特点** 挖浅浅的洞穴，每天睡将近15个小时

Q 小悦目金蛛喝什么会醉？

➡ 答案见第68页

瓦氏眶灯鱼可以瞬间脱光鳞片

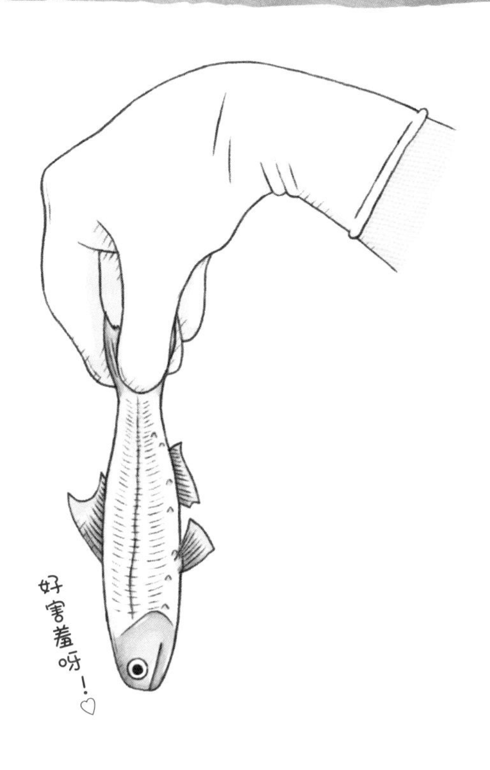

瓦氏眶灯鱼是一种深海鱼，广泛分布于世界各地的海洋。它们白天在海底游动，到了夜晚则会游上海面，捕食浮游生物。

之所以叫瓦氏眶灯鱼，是因为它们腹部长有探照灯一样的发光器。除此之外，它们还有一个绝招——能**立刻变得浑身光溜溜**。这种鱼的鳞片极易脱落，**当它们被渔网捕捞到船上时，鱼鳞已经脱落得寥寥无几，仿佛做好了任厨师宰割的准备。**

不过，瓦氏眶灯鱼一般不直接作为食用鱼，而是被搅碎，用作鱼糕的原料。

生物名片

硬骨鱼纲

- **中文名** 瓦氏眶灯鱼
- **栖息地** 世界各地的深海
- **大小** 全长约17厘米
- **特点** 腹部有发光器，可以发光

雄性侧带拟花鮨总是贴着“膏药”

侧带拟花鮨（yì）年轻时均为雌性，当它们长大后，**群体中体形最大的雌鱼会摇身一变，转为雄鱼**。这条雄鱼会与多条雌鱼交配，繁衍许多后代，使种群数量不断增加。

然而，发生改变的不仅仅是性别。雌性侧带拟花鮨的身体呈漂亮的黄色或橘红色，**一旦转为雄性，就会变成鲜红色**。让人捉摸不透的是，雄鱼的**身体侧面还会出现一块发白的方形斑块**，乍看就像贴了个膏药。

这个“膏药”仿佛提醒着我们，侧带拟花鮨从雌鱼转变成雄鱼一定付出了不少努力！

生物名片

硬骨鱼纲

- **中文名** 侧带拟花鮨
- **栖息地** 太平洋中部到西部的珊瑚礁区域
- **大小** 全长约10厘米
- **特点** 在珊瑚礁和岩石地带组成小群体生活

A 第66页的答案 ➡咖啡。

蠵龟一不小心吃成了大头

蠵（xī）龟也叫红海龟，还有一种绿海龟，你知道如何区分它们吗？它们都属于海龟科，但绿海龟是海龟属动物，而红海龟属于蠵龟属。绿海龟和红海龟除了龟壳形状不同，头部大小也相差很多。

绿海龟头部较小，红海龟的头则**圆润粗壮**，造成这一差异的是食物。绿海龟以柔软的海藻为食，而红海龟主要**以螃蟹和贝类为食，必须咬碎坚硬的壳再吃掉**。因此，红海龟下巴肌肉十分发达，**头部也肌肉满满，显得大了一圈儿。因为吃螃蟹和贝类而变成了大头，可能是人类想都没想过的事情吧**。不过，红海龟的咀嚼力是人类的 2 ~ 3 倍，与狼的咀嚼力相当，可不要小瞧它们哟！

生物名片

爬行纲

- **中文名** 蠵龟
- **栖息地** 温带到亚热带的海洋
- **大小** 背甲长约80厘米
- **特点** 背甲呈深褐色

雌性棉顶绒怀孕时，雄性会跟着一起长胖

棉顶绒是一种生活在热带森林的树栖猴。**雄猴和雌猴关系非常好**，一旦结为夫妇，至死不会分离。**更贴心的是，当雌猴怀孕、肚子变大时，雄猴也会陪妻子一起长胖。**

或许你会觉得，再怎么恩爱，也没必要连体形都一样吧？其实，雄猴有自己的考虑。**为了防止刚出生的幼崽从树上跌落，雄猴会一直把幼崽背在身上**，所以雌猴怀孕时，雄猴便会提前做准备，通过努力增重的方式来增加体力。而一旦开始照顾小猴子，它们很快就会瘦回去。

生物名片

哺乳纲

- **中文名** 棉顶绒
- **栖息地** 哥伦比亚西北部的森林
- **大小** 体长约25厘米
- **特点** 组成20只以内的小群体生活

Q 臭鼩(qú)妈妈如何带着幼崽行进？

➡ 答案见第72页

白蚁身体的三分之一以上都被其他生物占据

白蚁名字里有个“蚁”字，但并不是蚂蚁。蚂蚁和蜜蜂同属于膜翅目，而白蚁**与吃枯木的蟑螂——隐尾蠊血缘关系更近**。

与隐尾蠊一样，白蚁吃木头生活。白蚁**之所以能够以木头为食，多亏了胃里的微生物**。这些微生物可以分解木头的纤维，为白蚁提供营养。

然而，白蚁体内的**微生物数量惊人，重量可达白蚁体重的 1/3 ~ 1/2**。或许对这些微生物而言，白蚁的身体已经成为它们温馨的家了。

生物名片

昆虫纲

- **中文名** 栖北散白蚁
- **栖息地** 东亚的枯木、民居
- **大小** 体长约5毫米（兵蚁）
- **特点** 振动背部特定区域的刚毛发出声音

五彩鳗生活在热带珊瑚礁等区域，是海鳝科的一种，吻部末端长有花瓣状的突起。

这种海鳝的生态非常不可思议。**幼鱼会先成长为雄性，发育到一定程度后，再慢慢转变为雌性。**用人类的话来说，就是：“大家本是男儿郎，最终却都成了女娇娥。”

更加奇怪的是，它们的身体颜色会随着成长而不断变化：**幼年时呈黑色，成长为成年雄性后变成蓝色，等变为雌性后又转为黄色。**

在人类的世界，一见面就问对方年龄可能略显冒犯，但五彩鳗的年龄和性别都清清楚楚地写在身上，一目了然。

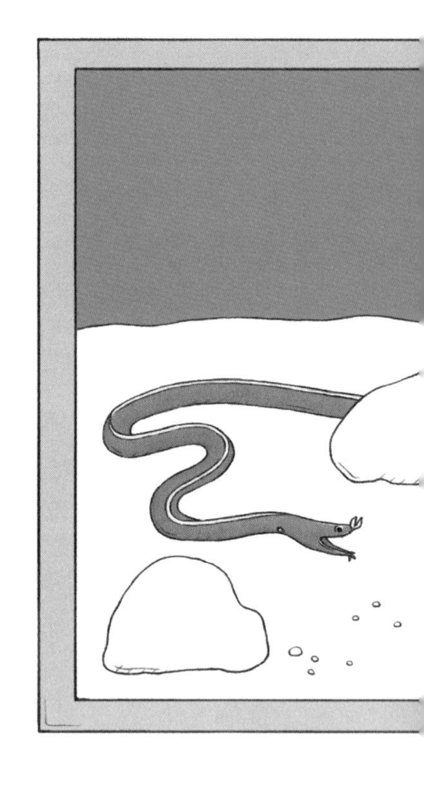

生物名片

硬骨鱼纲

- **中文名** 五彩鳗
- **栖息地** 印度洋至太平洋的温暖海域
- **大　小** 全长约1.2米
- **特　点** 经常钻入岩石的缝隙中，只露出头

A 第70页的答案 ➡像开火车一样，下一个咬着上一个的屁股，连成一串前行。

五彩鳗的性别和年龄都写在身上

五彩鳗 的分辨方法

幼年	成年雄性	更加成熟的雌性

身体为黑色 背部呈黄色	身体为蓝色 背部呈黄色	全身呈黄色

北极兔趴着和站着反差很大

美术课上，如果老师要求画兔子，很多同学都会画一只小白兔吧。其实，世界上约有 70 种兔子，其中**只有 5 种毛是白色的**。而且，它们的毛只有在白雪皑皑的冬天才是白色，到了夏天则变为和大地一样的褐色。

生活在北极圈附近雪原上的北极兔就是为数不多的白兔之一。它们蜷缩在雪地上的样子酷似糯米团子，看上去天真可爱，完美符合人们心目中对兔子的印象。

然而，**北极兔一站起来，便会露出修长而健硕的腿部，完全出乎人们的意料**。看来我们对兔子的刻板印象也要改一改啦。

生物名片

哺乳纲

■**中文名** 北极兔

■**栖息地** 格陵兰岛至加拿大北部的雪原

■**大小** 体长约60厘米

■**特点** 寒冷时会挖雪洞钻进去保暖

Q 如何让鸽子无法动弹？

➡ 答案见第82页

鲍鱼其实是一种海螺

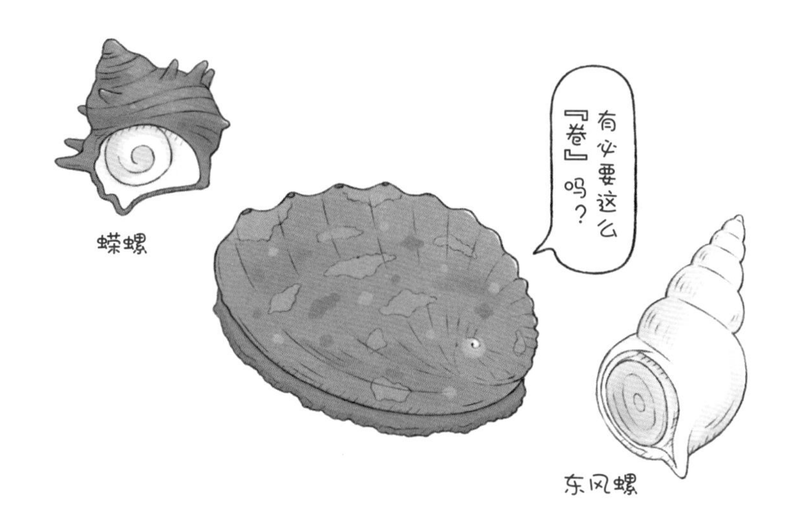

鲍鱼是一种公认的高档食材，给人的印象大多是贴在岩石上一动不动，但实际上，它们可以**在海底自由地走来走去**。鲍鱼的身体软趴趴的，**扁平的部分整个儿都是腹足**，它们会借助海浪起伏不断前行，寻找海带、爱森藻等藻类为食。

鲍鱼会行走其实并不是什么不可思议的事情。因为它们也**是一种螺**。人们往往会因为它们**扁平的外壳和十分不清晰的螺旋**，误以为鲍鱼和扇贝一样是双壳纲动物，但请记住，鲍鱼其实和蜗牛一样属于腹足纲。

生物名片

腹足纲

- **中文名** 皱纹盘鲍
- **栖息地** 东亚的浅海
- **大小** 壳直径约20厘米
- **特点** 通过壳上的4~5个孔产卵

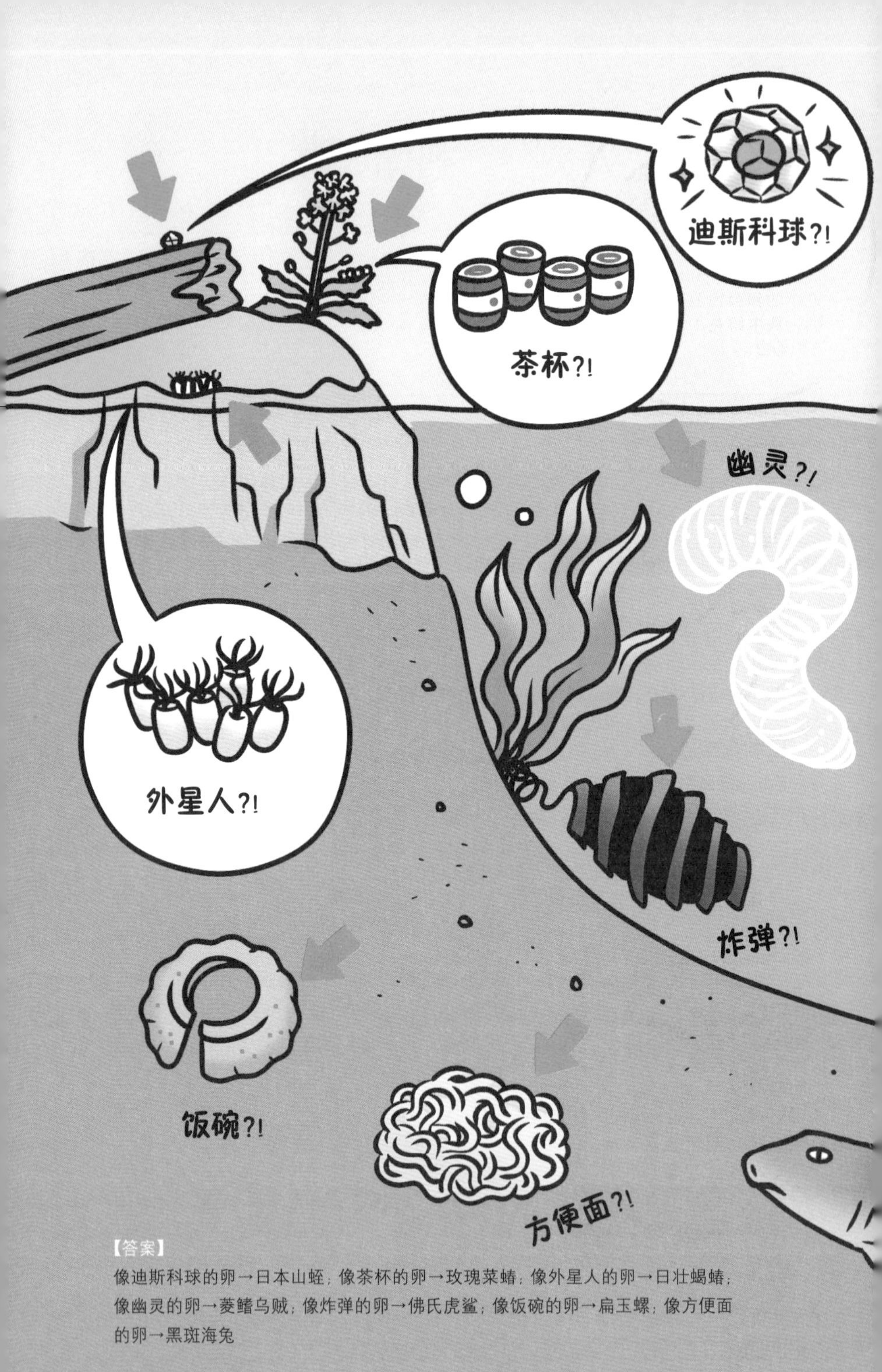

【答案】

像迪斯科球的卵→日本山蛭；像茶杯的卵→玫瑰菜蝽；像外星人的卵→日壮蝎蝽；像幽灵的卵→菱鳍乌贼；像炸弹的卵→佛氏虎鲨；像饭碗的卵→扁玉螺；像方便面的卵→黑斑海兔

百思不得其解……
动物大集合：
稀奇古怪的卵

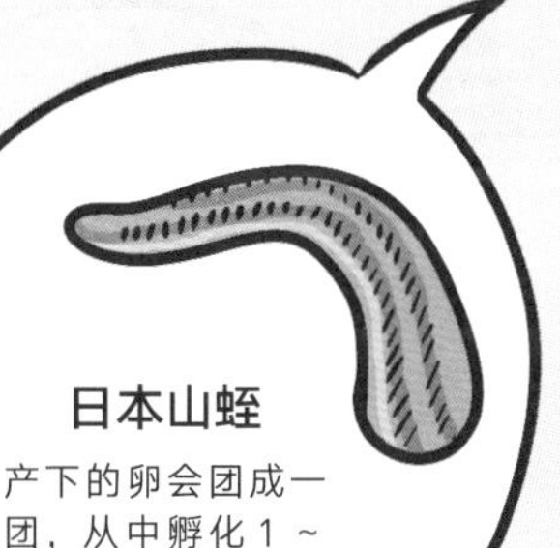

日本山蛭

产下的卵会团成一团，从中孵化 1 ~ 8 只幼虫。

玫瑰菜蝽

椿象的一种，将卵产在十字花科植物的叶子上。

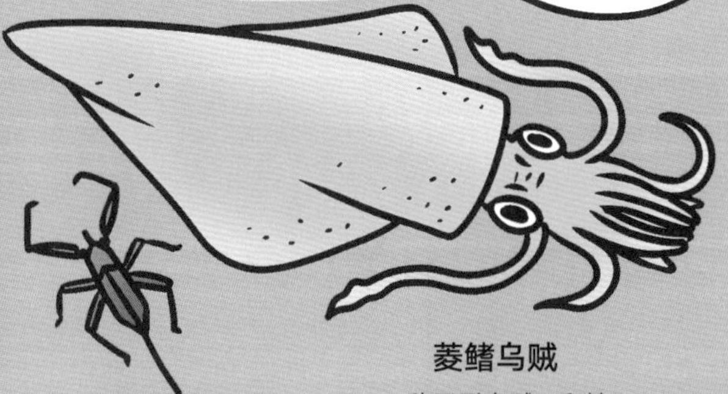

菱鳍乌贼

一种巨型乌贼，卵被包裹在类似果冻的物质中。

日壮蝎蝽 ※

一种生活在水中的昆虫，在岸边产卵。

不同动物的卵形状各异，有的乍一看根本想不到是卵。

左页红色箭头指向的，就是各种各样的卵。试着找找看，它们分别对应本页哪种动物的卵。

（答案见左页底部。）

扁玉螺

一种壳长约 5 厘米的螺，卵很像某种餐具。

黑斑海兔

没有壳，但和海螺同属于腹足纲。卵酷似某种生活中常见的食物。

佛氏虎鲨

在海藻上产卵，卵是黑色的。

※ 日壮蝎蝽栖息在淡水河流中，为方便示意，图中将其与生活在海里的动物画在一起。

※生物分类从大到小的等级依次是界、门、纲、目、科、属、种。这部分介绍的是在科、属、种下都唯一的奇特动物。

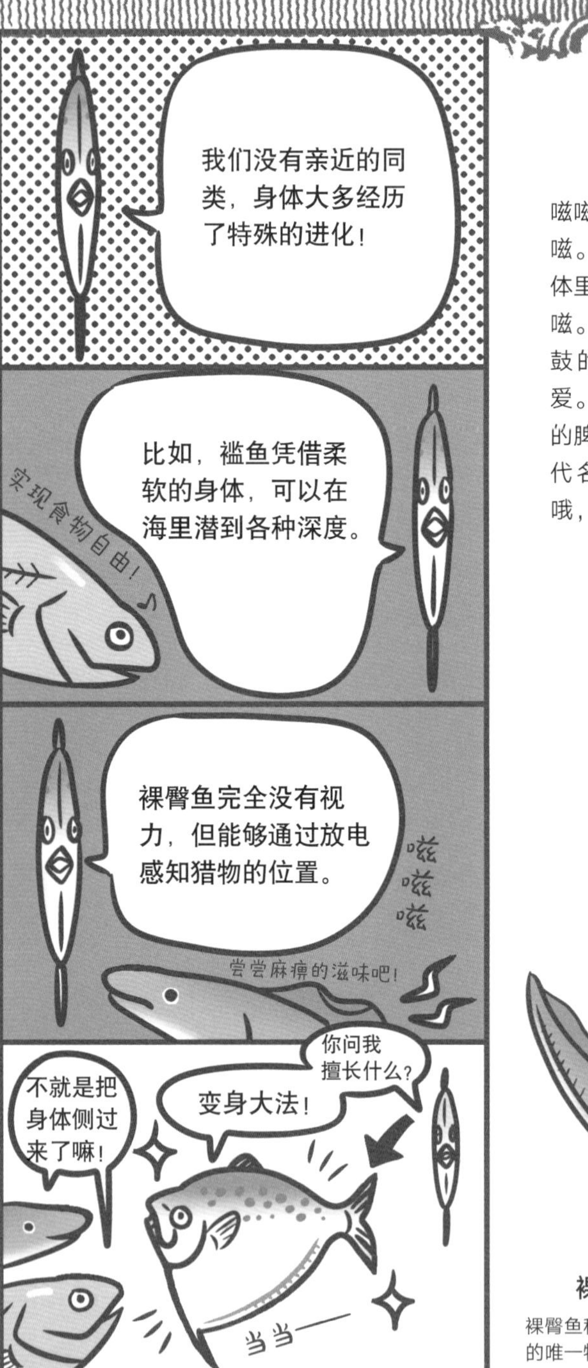

嗞嗞，我是裸臀鱼，嗞嗞。哎呀，请忽略我身体里传出的电流声，嗞嗞。不要看我眼睛圆鼓鼓的，就以为我很可爱。有力的下颚、暴躁的脾气，这些才是我的代名词！小心别受伤哦，嗞嗞！

裸臀鱼

裸臀鱼科裸臀鱼属的唯一物种

勇往直前的进化

2 外形奇特的鱼

你们好呀，我是生活在深海的褴（lán）鱼。我全身像魔芋一样软乎乎的，但味道可不像它。我相当罕见，在日本，你最多能看到浑身斑点的幼鱼，很难找到我这样的成鱼。

我是眼镜鱼。大家都说我外形很奇怪，实际上我和秋刀鱼一样美味！不过，就算你抓到了我，感叹着“捉到了一条大鱼”，可能也没有多少肉可吃……

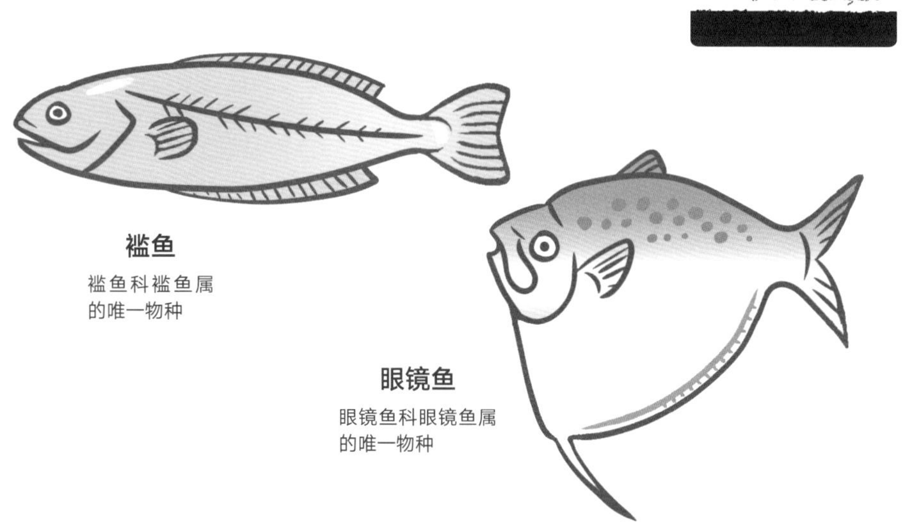

褴鱼

褴鱼科褴鱼属的唯一物种

眼镜鱼

眼镜鱼科眼镜鱼属的唯一物种

第4章 让人遗憾的生活方式

生活方式因人而异，动植物们的生活方式也各有不同。
话虽如此，有些动植物的生活方式实在令人担忧，
甚至让人想问一句："这样活着，不辛苦吗？"
一起来看看吧。

王企鹅打架就像闹着玩

每到繁殖季节，数万乃至数十万只王企鹅会聚集在一起，形成一个巨大的集群“部落”。名字中冠有“王”字的王企鹅，原本就是领地意识极强的动物。**为了争夺领地和雌性，雄性之间的争斗非常普遍。**

谁才是王中之王？**从朝天伸脖子比赛开始**。哪怕谁的身高高出 1 毫米，谁就胜出。

如果伸脖子无法分出胜负，它们就会转动翅膀，不停地**拍打对方的肚子**。两只“当事鹅”打得很认真，但看上去特别像小男孩嬉戏打闹。

生物名片

鸟纲

■**中文名** 王企鹅
■**栖息地** 南极大陆及附近岛屿
■**大小** 全长约90厘米
■**特点** 个体大小仅次于帝企鹅

A 第74页的答案 ➡把鸽子仰面朝天放在手中，再小心地握住。

鸽子的粪便可以制造炸弹

不过是举手之劳。

黑火药是一种古老的炸药，从很久以前就被用于制造枪支、火炮的弹药。而硝石是黑火药的原材料之一。

硝石可以从地下开采，也可以人工制取——**用微生物分解动物的粪便即可得到**。

16 世纪的英国，人们**用鸽子的粪便制造硝石**。当时，甚至有人靠采集鸽子粪为生，他们从民宅的地板下和鸽子窝等处收集。或许象征着和平的鸽子也没想到，**自己的粪便会被用于制造武器**吧。

生物名片

鸟纲

- **中文名** 家鸽
- **栖息地** 世界各地的平原
- **大小** 全长约35厘米
- **特点** 公元前3000年前人类就已经开始饲养鸽子

考拉经常被人类抱着寿命会变短

考拉也就是树袋熊，它们看上去一副无忧无虑的样子，但实际上心思非常细腻。在动物园和自然保护区里，**人类的拥抱会给它们带来很大的压力。**

已有数据表明，和没有人抱的考拉相比，**经常被人类抱着的考拉寿命更短**。因此，在澳大利亚的 6 个州及 2 个领地中，**只有 3 个地区允许人们抱考拉。**

在其他国家，几乎没有能亲密接触考拉的机会。如果实在想抱一抱它们，除了精心挑选旅行目的地，一定要记得别抱太久呀！

生物名片

哺乳纲

- **中文名** 树袋熊
- **栖息地** 澳大利亚东部的森林
- **大小** 体长约75厘米
- **特点** 后足有5趾，其中2趾是连在一起的

Q 如何让蚂蚁无法前进？

➡ 答案见第86页

土豆一度被人们嫌弃

土豆，也就是马铃薯，如今在“最受欢迎的蔬菜”排行榜上稳居前列，但**它们也有一段人见人嫌的“黑历史”**。

土豆原本是南美洲的植物，约 16 世纪被引进欧洲。**当时，人们不知道土豆芽有毒，于是陆续有人因为吃了发芽的土豆而中毒**，甚至称它们为“恶魔植物”。

不仅如此，土豆**还被人类判为有罪，并被施以火刑**。仔细想一想，这不过是将它们做成了热乎乎的烤土豆罢了。今天看来不免让人啼笑皆非，但当时的法官或许还因“为民除害”而沾沾自喜呢。

生物名片

被子植物门

- **中文名** 马铃薯
- **原产地** 中南美洲至南美洲的安第斯山脉
- **大小** 块茎直径约6厘米
- **特点** 有些品种会结出形似番茄的果实

遗憾度

海獭不梳理毛发就会有生命危险

海獭（tǎ）是**世界上毛发密度最高的动物**，1 元硬币大小的皮肤上生长着约 30 万根毛发，相当于 3 个人的头发总量，而海獭**全身毛发总量多达 8 亿根**。

海獭生活在寒冷的北方海域，茂密的毛发就是它们生存的秘密。这些毛发能把空气“锁”在里面，形成保护层，防止海水浸透身体。但是，**如果毛发变脏，就无法储存足够的空气，身体会被打湿，最终可能冻死在海里**。因此，海獭**除了吃饭和睡觉，其余时间几乎都用来梳理自己的毛发**。对它们来说，这可不是爱美，而是关乎性命的大事。

生物名片

哺乳纲

■**中文名** 海獭
■**栖息地** 北太平洋沿岸
■**大小** 体长约1.3米
■**特点** 平时生活在海上，遇到风浪时会爬上岸

A 第84页的答案 ➡ 用油性笔在蚂蚁周围画一个圈，把它围住。

撒哈拉银蚁总是在和时间赛跑

生活在撒哈拉沙漠的撒哈拉银蚁，是昆虫界的爬行冠军。它们可以在 1 秒内前行 50 步，行进距离超过自身体长的 100 倍。**换作人类，相当于以超越高铁的速度奔跑。**

撒哈拉银蚁能达到如此惊人的爬行速度，是因为它们的**活动时长十分有限。**撒哈拉沙漠的地表温度最高可达 70℃，**当温度超过 50℃时，它们仅可存活 4 分钟左右。但当温度降到 45℃以下时，蚂蚁的天敌——蜥蜴就开始活跃起来了。**

所以，撒哈拉银蚁只能在地表温度为 45℃ ~ 50℃时外出觅食，必须争分夺秒地冲刺。

生物名片

昆虫纲

■ **中文名** 撒哈拉银蚁
■ **栖息地** 非洲撒哈拉沙漠
■ **大小** 体长约8毫米
■ **特点** 有6条腿，但爬行时只使用其中4条

圆球股窗蟹无时无刻不在搓沙球

沙滩上，有时候能看到**一片密密麻麻的小沙球，每个直径只有几毫米**。这些沙球的制作者，是一种名为圆球股窗蟹的小螃蟹。

这种螃蟹**以沙子为食**。当然，沙子本身其实没有营养。圆球股窗蟹会挖取沙团送入口中，**将混在沙粒中的小生物过滤出来吃掉，剩下的沙子以球状吐出**。小沙球就是这样诞生的。

一小片沙滩上，沙球的数量可达数百万甚至数千万颗。搓圆这些沙球需要耗费不少体力，圆球股窗蟹往往忙活半天之后肚子又饿了。

生物名片

软甲纲

- **中文名** 圆球股窗蟹
- **栖息地** 东亚的泥沙滩
- **大小** 甲壳宽约1.2厘米
- **特点** 在泥沙滩上挖10～20厘米深的巢穴

Q 犰狳约有20种，其中有几种可以团成完美的球形？

➡ 答案见第90页

泛美地懒大规模死亡的罪魁祸首是自己的便便

泛美地懒是一种重达 3 吨的**巨型树懒**，约 11 000 年前**灭绝**。在南美洲的厄瓜多尔，人们发现了多达 22 只泛美地懒的化石，**同时被发现的还有大量的粪便化石**。

科学家通过进一步调查发现，这片地区曾经是一片沼泽。因此，有人推测，**泛美地懒可能是饮用了被自身粪便污染的水而死**。

原来，泛美地懒很可能与河马一样，一天中大部分时间都在水中度过，**大小便也习惯直接在水中解决**。长此以往，它们喝的水、吃的植物都被污染，其中的病原体害死了自己。

生物名片

哺乳纲

- **中文名** 泛美地懒（已灭绝）
- **栖息地** 北美洲至南美洲的湿地
- **大小** 体长约5米
- **特点** 体形庞大，无法像现存的树懒一样爬树

斑马的群体通常**以一匹强壮的雄性为中心，加上它的数位妻子及幼崽组成**。这种群体构成竟然与它们的天敌狮子一模一样。

不同的是，为了不成为肉食动物的盘中餐，**多个斑马群体会聚集在一起，形成数量达数千只的大型斑马群**。这样一来，难免会有来自其他群体的雄性接近自家女儿。遇到这种情况时，作为领导者的**父亲会强烈阻止**，用身体挡在女儿面前保护它。

不过，女儿似乎有自己的想法。**即使前来表白的异性无法打败父亲、光明正大地带走自己，只要自己非常喜欢，还是会随之离开原本的族群**。自由恋爱固然没错，但站在老父亲的立场，斑马爸爸真是有苦说不出啊！

生物名片

哺乳纲

- **中文名** 平原斑马
- **栖息地** 非洲东部至南部的草原和森林
- **大　小** 体长约2.3米
- **特　点** 白天躲避日晒，傍晚出来找水喝

A 第88页的答案➡只有2种。

斑马爸爸不允许女儿结婚

红松鼠在妈妈的焦虑中长大

压力是怀有身孕的准妈妈们共同的敌人。**有时候压力太大，甚至可能导致早产**。红松鼠妈妈时常处于压力之中，**但这对它们的孩子却并非坏事**。

对于身怀宝宝的红松鼠妈妈来说，周围的红松鼠越多，它们感受到的压力就越大。而令人意想不到的是，**在这种环境下出生的幼崽，比妈妈周围没有红松鼠时生下的幼崽成长得更快**。它们相互竞争、迅速成长，很快就可以独自觅食了。令人惋惜的是，红松鼠的寿命都不太长，也许正因如此，它们才需要尽快地长大吧。

生物名片

哺乳纲

- **中文名** 北美红松鼠
- **栖息地** 北美洲的森林
- **大小** 体长约20厘米
- **特点** 拥有多个洞穴，冬天和夏天居住在不同的洞穴里

Q 雌薮（sǒu）犬用什么姿势小便？

➡ 答案见第94页

绿短革鲀水性不佳

绿短革鲀（tún）生活在浅海，属于单棘鲀科。单棘鲀家族的成员们虽然拥有一副扁平的身躯，但与河鲀（俗称河豚）是亲戚，都属于鲀形目。

河鲀的近亲还有刺鲀、翻车鲀等。它们的共同点是，**身为鱼类却不擅长游泳**。遇到敌人时不能溜之大吉，通常会鼓起身体、竖起刺来保护自己。

短革鲀也不例外，它们很不擅长游泳，只要在进食之后稍有松懈，**就会立刻浮到水面上。而且由于体形较小，它们很容易被海水冲走**，必须衔着海藻才能安心入睡。

生物名片

硬骨鱼纲

- **中文名** 绿短革鲀
- **栖息地** 太平洋西北部海域
- **大小** 全长约8厘米
- **特点** 在珊瑚礁的缝隙间漂游

蝉有时会弄错时间，在夜里鸣叫

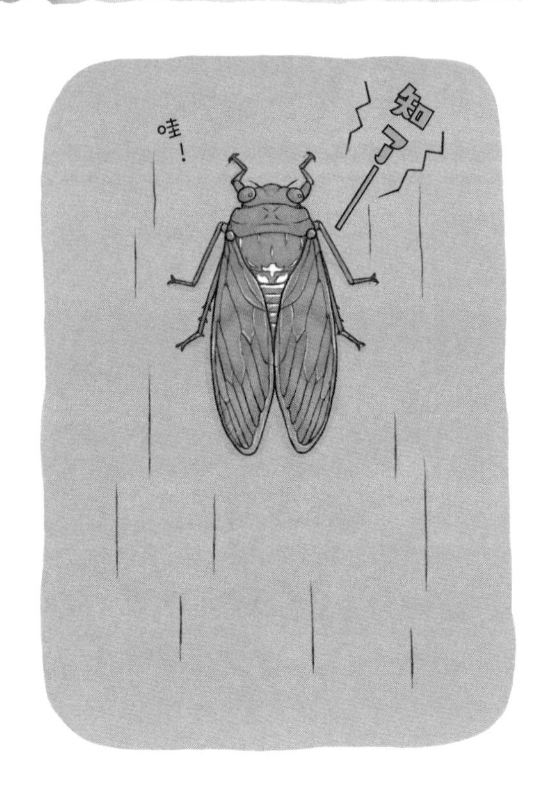

“知了，知了——”你有没有在奇怪的时间——比如深夜或黎明时分——听到过蝉短促的鸣叫声？其实**那是它们的“梦话”**。**不同的蝉鸣叫时间不同，但大致是固定的**，比如斑透翅蝉上午鸣叫，蟪蝉在早上或傍晚鸣叫。雄蝉的腹部有鼓膜结构，通过振动鼓膜发出响亮的声音，而雌蝉缺乏发声结构，不会鸣叫。雄蝉通过叫声告诉雌蝉自己的位置，如果**不在同类的活动时间里鸣叫，毫无意义**。

然而，由于夜晚的城市依旧很明亮，**有时候蝉似乎弄错了时间，会突然发出叫声**。谁都会犯错，蝉也不例外，如果恰巧听到了，就当是夜里的音乐会吧。

生物名片

昆虫纲

- **中文名** 黑胡蝉
- **栖息地** 东亚的树林
- **大小** 体长约5.8厘米
- **特点** 在梨园等果园中尤为常见

A 第92页的答案 ➡倒立。

食人鲳让人闻风丧胆，其实是胆小鬼

电影里，食人鲳会层层围住掉进河里的人，用锋利的牙齿将他咬得皮开肉绽，瞬间仅剩一具白骨。实际上，**食人鲳的胆子特别小。**

当有大型动物进入河中时，它们会**聚成一团躲起来，不敢靠近。**饲养在水族箱里的食人鲳一旦受到惊吓，**很可能会惊慌失措，在水族箱里到处乱撞而死亡。**确实发生过人或动物遭食人鲳袭击的事件，但**真相似乎是人落水后拍打水面的声音惊吓到食人鲳鱼群，导致它们发动了撕咬袭击。**

因此，如果不慎掉进了有食人鲳的河中，只需要保持冷静，安静地游走就好。

生物名片

硬骨鱼纲

- **中文名** 食人鲳
- **栖息地** 南美洲亚马孙河流域
- **大小** 全长约55厘米
- **特点** 到了夜晚，腹部的红色会变浅

虎头海雕不擅长捕猎，横行霸道

虎头海雕是世界上体形最大的鹰，翼展可达 2.5 米。它们迎着海风自在地翱翔，**颇有“天空之王”的风范**。除了鱼之外，据说它们还会捕食小鹿和海豹等动物。

但实际上，虎头海雕并不擅长捕猎。由于翅膀过大，虎头海雕急转弯很困难，如果猎物以“之”字形逃跑，它们就很难追上。因此，**成年虎头海雕有时会夺取年轻虎头海雕和其他鹰类的猎物**，大显“鹰中王者”的威风。不过，**一旦遭到成群乌鸦的袭击，虎头海雕也不得不让步，爪下的猎物很可能不保**。

生物名片

鸟纲

■**中文名** 虎头海雕
■**栖息地** 亚洲东北部的海岸
■**大小** 全长约95厘米
■**特点** 会随浮冰从俄罗斯来到日本北海道

Q 潜鱼喜欢藏在哪里？ ➡ 答案见第98页

假鳃鳉等到每年湖水干涸后，就会死亡

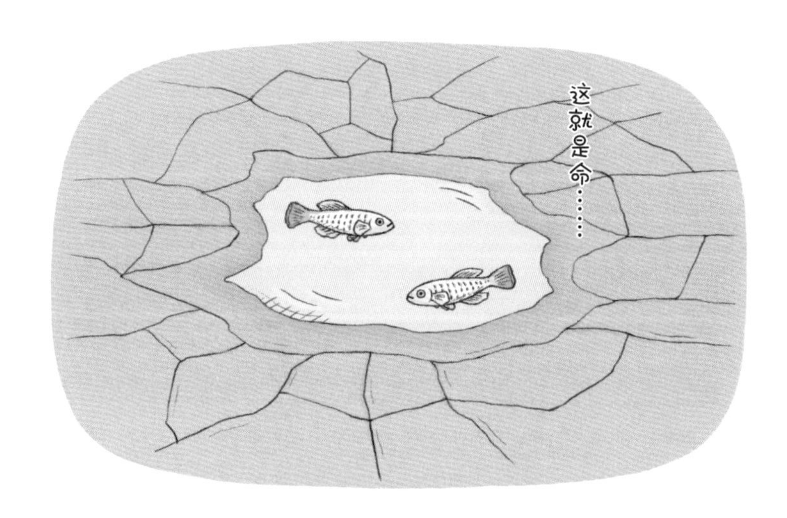

假鳃鳉（jiāng）是一种生活在湖泊中的鳉鱼。它们栖息于坦桑尼亚东部，那里的气候分为旱季和雨季，只有**雨季持续大量降雨，才会形成湖泊**。那么，在没有雨水的旱季，它们如何生存呢？

答案是全军覆没。湖水在旱季干涸，所有假鳃鳉都会死去；不过，等到雨季来临、湖泊形成时，它们**又会像幽灵一样再次出现。**

听起来有点儿匪夷所思？其实，这是因为它们早已在土壤中产下了卵。当湖泊重新形成，卵便会孵化、成长，让湖泊恢复生机。

生物名片

硬骨鱼纲

- **中文名** 弗氏假鳃鳉
- **栖息地** 坦桑尼亚东部的湖泊
- **大小** 全长约4厘米
- **特点** 有些个体会突然变异成金色

驼鹿打架时鹿角会相互缠住，甚至有生命危险

对雄性驼鹿来说，角简直就是它们的命根子。这巨大的鹿角可以像天线一样收集声音，甚至**能够听到几千米外的雌鹿的叫声**。**鹿角也是实力的象征**。当两头雄鹿因为争夺雌鹿而发生冲突时，角更大的雄鹿不战而胜。

然而，两头雄鹿如果角的大小相近，**就会通过撞击鹿角的方式，严肃认真地决出胜负**。偶尔会发生意外的情况——**双方的角像解扣玩具一样牢牢缠住**。据说，曾经有两头雄鹿在争斗时鹿角卡住了，结果双双翻入池塘，溺水而亡。

生物名片

哺乳纲

- **中文名** 驼鹿
- **栖息地** 亚欧大陆北部、北美洲北部的森林
- **大小** 体长约2.7米
- **特点** 角在成长期被一层茸皮包裹

A 第96页的答案 ➡海参的肛门里。

雄性澳链尾蝎下落不明

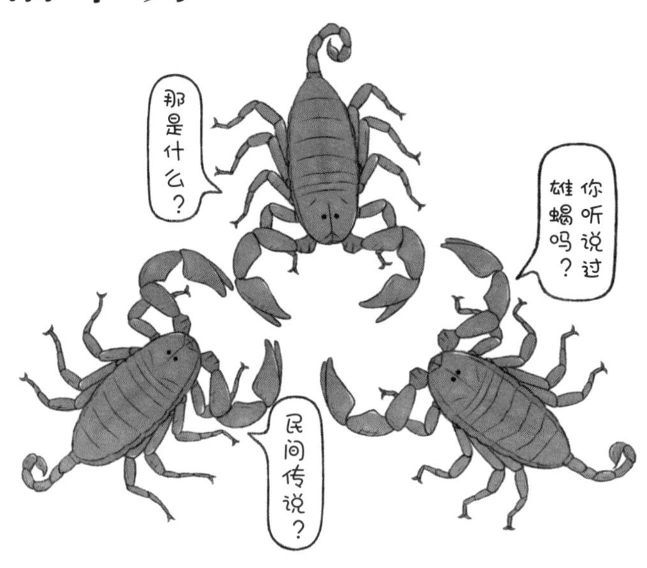

澳链尾蝎只有食指尖那么大，**身为蝎子，毒性却非常弱**。在日本，它们主要生活在八重山群岛等地，因此也叫八重山蝎。雌蝎会将新生的幼蝎背在自己瘦弱的背上，将其抚养长大。雄蝎不负责养育孩子，也不在家人身边，到处都不见其踪影。

实际上，已发现的**澳链尾蝎中，99%以上是雌性，只有极少数是雄性。雌蝎可自体交配、繁殖后代，没有雄蝎并无大碍**。或许正是因为派不上用场，雄性澳链尾蝎都不知道跑到哪儿去了。

生物名片

蛛形纲

- **中文名** 澳链尾蝎
- **栖息地** 日本八重山群岛，中国台湾、海南等地
- **大小** 体长约3厘米
- **特点** 栖息于日本的两种蝎子之一

伊犁鼠兔因为声音太小而濒临灭绝

伊犁鼠兔是一种十分罕见的动物，生活在中国天山山脉海拔4000 米的裸岩区。

以前，伊犁鼠兔在山脚下海拔较低的地方生活，由于全球气候变暖和人类牧场的扩大，它们不得不转移到高海拔地区。**栖息地的大幅缩减，导致它们濒临灭绝。**

还有一个原因加剧了伊犁鼠兔的生存困境，那就是它们的**叫声太小**。伊犁鼠兔只能发出像鸟鸣一样微弱的叫声，当敌人来袭时，**再怎么使劲喊，也很难将危险信号传达给同伴。**

生物名片

哺乳纲

- **中文名** 伊犁鼠兔
- **栖息地** 中国天山山脉的高寒山区
- **大小** 体长约20厘米
- **特点** 1983年首次发现，直到2014年才再次确认存在

Q 跳蚤跳跃的高度能达到自身体长的多少倍？ ➡ 答案见第102页

贝加尔海豹是幸存的迷路者

世界上约有 20 种海豹，**其中大部分栖息在海洋里**，只有贝加尔海豹生活在不含盐分的淡水中。

为什么唯有贝加尔海豹生活在淡水中呢？**要想解开这个谜团，还得追溯到它们的祖先。**

几十万年前，贝加尔海豹的祖先**在北冰洋迷失了方向，迷迷糊糊地来到了贝加尔湖**。当时的贝加尔湖还是咸水湖，但经历了漫长的岁月，如今已变成了淡水湖。贝加尔海豹也逐渐进化，适应了淡水环境。它们在迷路后仍存活下来，可谓大难不死，必有后福。

生物名片

哺乳纲

- **中文名** 贝加尔海豹
- **栖息地** 俄罗斯的贝加尔湖
- **大小** 体长约1.4米
- **特点** 眼睛特别大，眼间距只有3厘米

灰翅喇叭鸟会耐心等待猴子掉落的食物

灰翅喇叭鸟是一种居住在亚马孙热带雨林的鸟类。雄鸟的鸣叫声很像喇叭，因此得名。

灰翅喇叭鸟主要以水果和植物种子为食。然而，它们**几乎不会飞**，很难吃到生长在高大树木上的果实。

于是，它们**将目光转移到了猴子掉落的食物上**。当灰翅喇叭鸟发现树上有猴群时，就会一动不动地守在树下。一旦猴子开始移动，它们便跟着移动，有时还会上演一出跟踪大戏。就这样，**它们相信只要坚持，就一定能等到猴子不小心掉下的食物**。

生物名片

鸟纲

- **中文名** 灰翅喇叭鸟
- **栖息地** 南美洲的热带雨林
- **大小** 体长约52厘米
- **特点** 受惊时会飞到树上

A 第100页的答案 ➡100倍（相当于一年级小学生跃过30～40层高的大厦）。

长鼻猴会因甜蜜的果实而丧命

在人们的印象中，猴子爱吃香蕉这类香甜的水果。但实际上，长鼻猴只吃苦涩的树叶和树皮，即使把水果摆在它们面前，也一口不吃。

原来，长鼻猴肠胃中的微生物可以帮助它们消化树叶和树皮。但甜甜的水果遇上微生物时，会快速**发酵**，**产生大量气体**，导致它们严重胃胀，甚至可能死亡。

不过，**如果长鼻猴一直只吃一种叶子**，**毒素也会在体内积累**，所以它们的食谱里共有 180 多种叶子，每种叶子只吃一点儿。为了养生，长鼻猴也太拼了。

生物名片

哺乳纲

■**中文名** 长鼻猴
■**栖息地** 东南亚加里曼丹岛的森林
■**大小** 体长约75厘米(雄性)
■**特点** 会聚集到河流附近睡觉

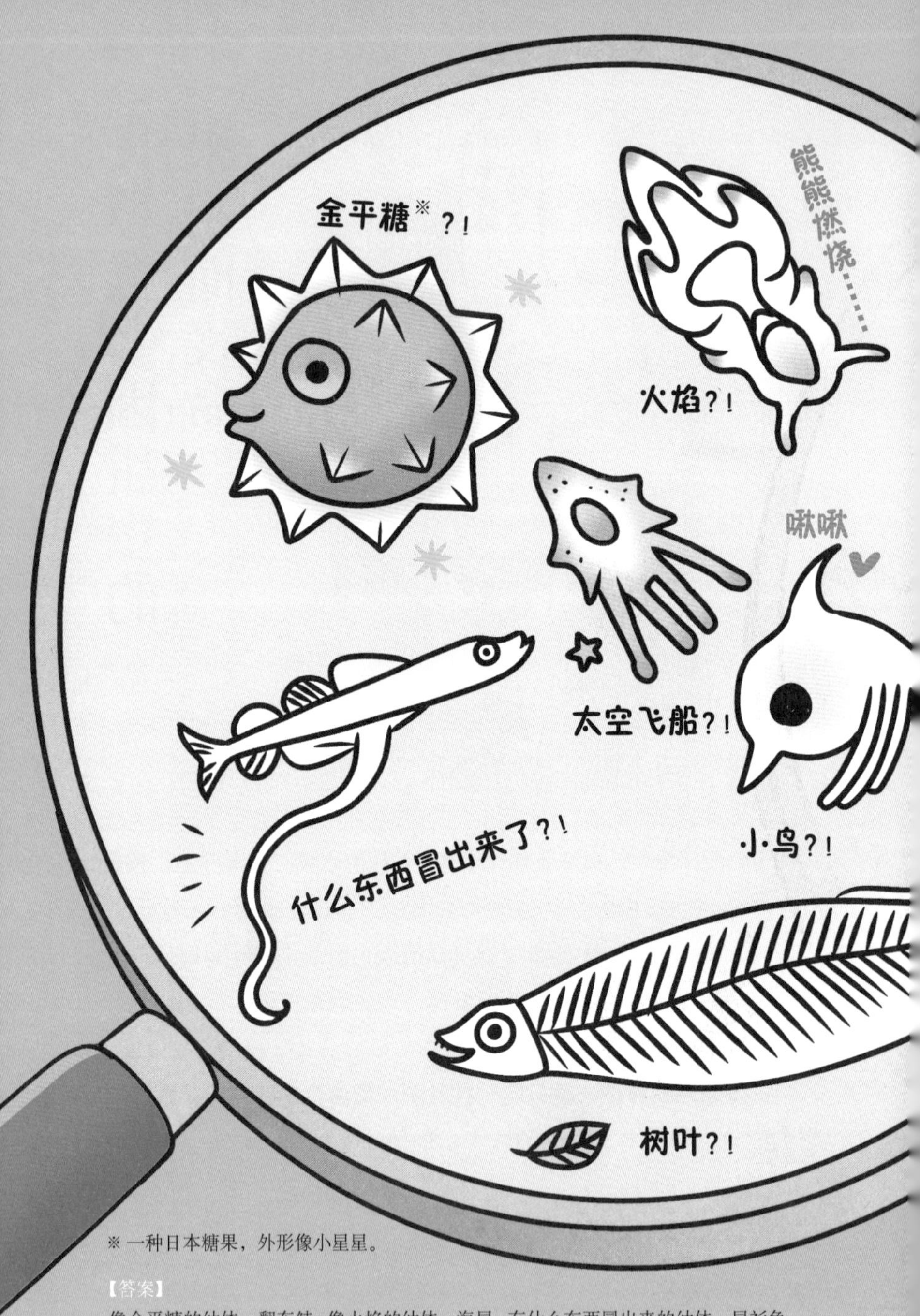

※ 一种日本糖果，外形像小星星。

【答案】

像金平糖的幼体→翻车鲀；像火焰的幼体→海星；有什么东西冒出来的幼体→星衫鱼；像太空飞船的幼体→海胆；像小鸟的幼体→蟹；像树叶的幼体→鳗鱼

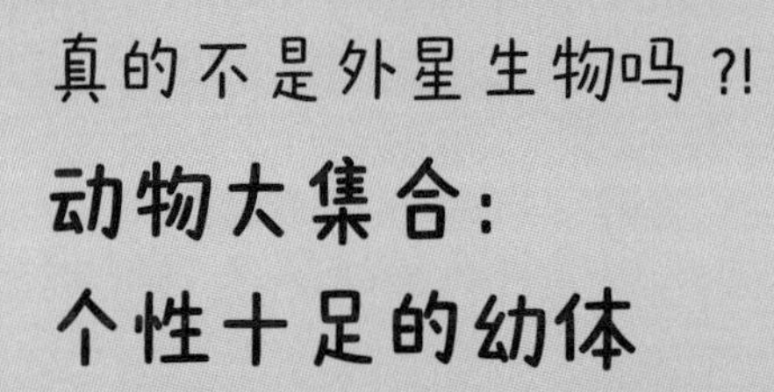

真的不是外星生物吗?!

动物大集合：个性十足的幼体

动物由卵发育成幼小的宝宝，在这一阶段被称为“幼体”。有些动物的幼体形态和父母一模一样，也有些幼体形态和父母完全不同。

左页有一些形态各异的幼体，一起找找看它们的父母分别是右页的哪一种。

（答案见左页底部。）

海胆

幼体也有刺，但形态和成体完全不同。

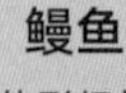

鳗鱼

父母体形细长，幼体则截然不同。

翻车鲀

幼体酷似某种香甜的点心。

蟹

幼体没有钳子，外形很像另一种生物。

星衫鱼

幼体有一个特别的地方——肠子露在体外。

海星

父母生活在海底，而幼体浮游在海里。

※生物分类从大到小的等级依次是界、门、纲、目、科、属、种。这部分介绍的是在科、属、种下都唯一的奇特动物。

哈喽，我是猪鼻龟。我是非常珍稀的动物，但人们竟给我取了个这么好笑的名字。什么？你说我和鳖长得差不多?！要论长相，我可比鳖帅多了！

猪鼻龟

猪鼻龟科猪鼻龟属的唯一物种

勇往直前的进化

3

能适应各种环境的爬行类、两栖类

我是喙头蜥。虽然名字里有个“蜥”字，但我和普通的蜥蜴不同。从恐龙时代至今，我的模样基本没什么变化，可以说是名副其实的“活化石”。看我背上的尖刺，是不是还有点儿像恐龙？

大家好，我是会动的“包子”。开个玩笑啦，我不是包子，而是异舌穴蟾！我的身体圆滚滚的，腿很短。大部分蟾类在水边生活，可我喜欢蜗居在地下。

楔齿蜥科楔齿蜥属的唯一物种

异舌穴蟾科异舌穴蟾属的唯一物种

第5章

让人遗憾的能力

很多生物拥有人类永远也无法模仿的特殊能力。

但有些生物又只会让我们深深感叹：

“这样的能力不要也罢。”

一起看看它们都是谁、拥有哪些能力吧。

有人做过这样的实验：把一只卷甲虫放入纸板做的迷宫里，它不会迷路，能**顺利到达终点**。难道它是个方向感天才吗？

实际上，这个迷宫有个小小的机关：只要不断交替转弯的方向，左、右，左、右……就能到达终点。

这个实验巧妙利用了卷甲虫的一个习性：当它们碰到障碍时，**有高达 80% ~ 90% 的概率会转向与刚刚转弯相反的方向**。原来，为了更快逃离敌人，它们会以“Z”形路线逃跑。

现在你知道了吗？卷甲虫能够顺利走出迷宫，不仅要靠自己天生的方向感，更需要“高人”指引。

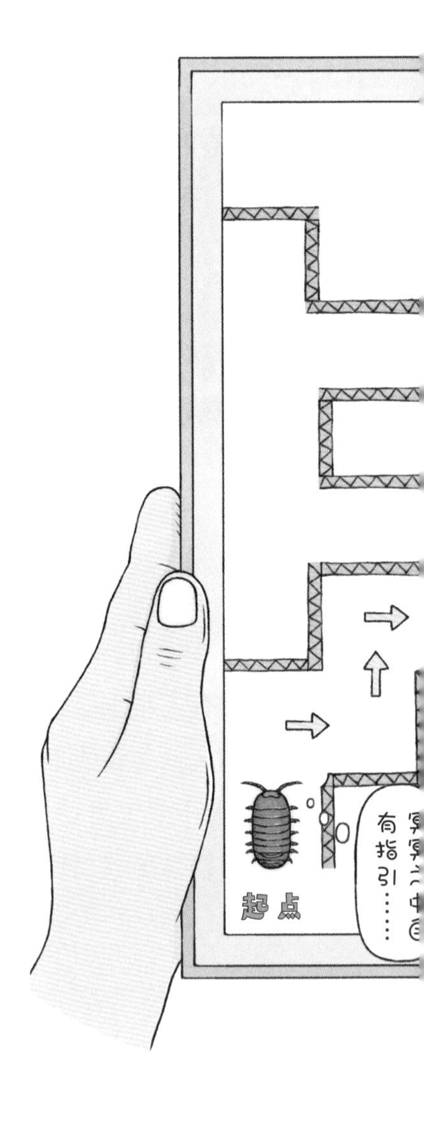

生物名片

软甲纲

- **中文名** 普通卷甲虫
- **栖息地** 广泛分布在平原地区
- **大　小** 体长约1.2厘米
- **特　点** 前半身和后半身分别蜕皮

Q 棘冠海星被切成两半后还能再生，怎样才会死亡？ ➡ 答案见第112页

卷甲虫转弯的秘密被发现了

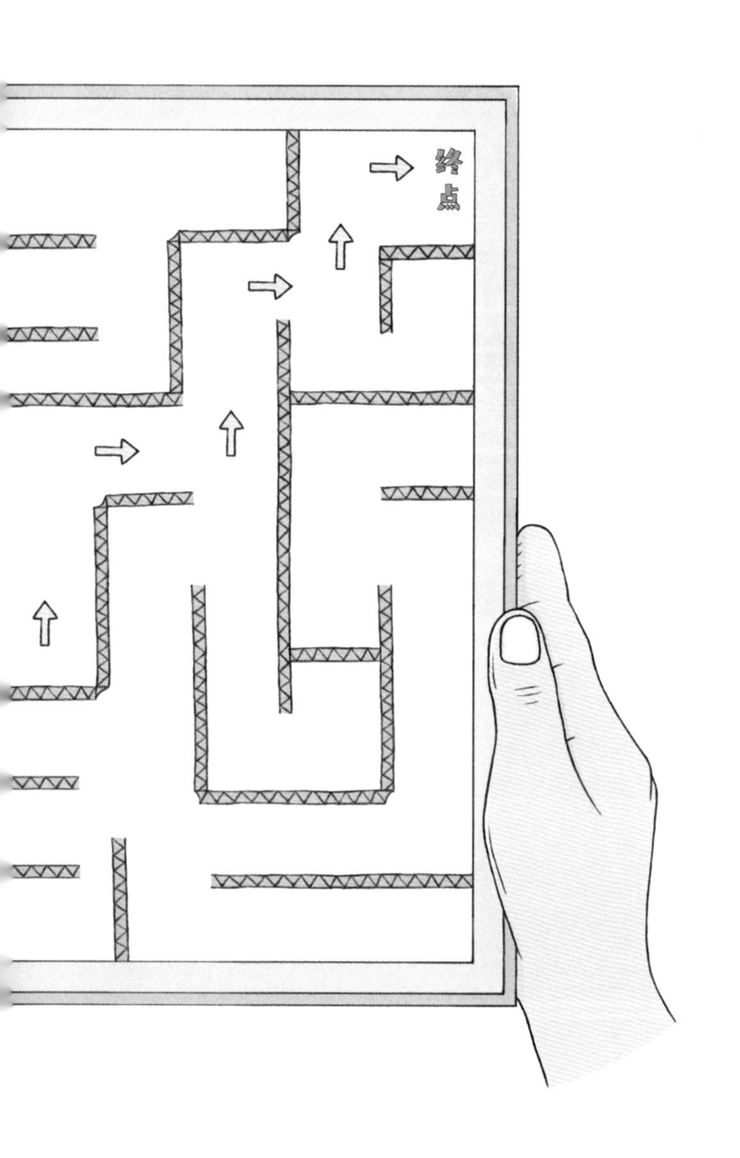

霸王龙竟然跑得比人还慢

如果你喜欢恐龙主题的电影——比如《侏罗纪公园》，当看到主人公被霸王龙追赶的场景，有没有为他捏一把汗呢？

实际上根本不需要担心。最近的研究表明，**霸王龙奔跑的速度比人类还慢**。据说，霸王龙奔跑的**速度如果超过了每小时 27 千米，脚骨会被震得粉碎**。

而人类奔跑的最高时速可以达到 37 千米左右。**一个跑得快的高中生就能跑赢霸王龙**，世界冠军就更不用说了。有观点认为，霸王龙通常不会去追赶猎物，而是等猎物自己送上门，然后迅速将其解决。

生物名片

爬行纲

- **中文名** 霸王龙（已灭绝）
- **栖息地** 北美洲
- **大小** 全长约13米
- **特点** 像鸟类一样长有羽毛

A 110页的答案 ➡被切成4瓣就会死掉。

貘通过喷洒尿液彰显魅力

貘总是给人以温和的印象，但其实它们的领地意识极强。**为了标记自己的活动范围，它们会用小便留下气味**。而且当你面向貘的屁股时，它们会猛地**将尿液喷射出 5 米远**，像是在无声地威慑："你想干什么？还不退下！"

貘通常单独行动，**雄性和雌性依靠尿液的气味来吸引配偶**。大概是为了让气味覆盖范围更广、传播更高效，它们逐渐学会了喷洒尿液这种特别的撒尿方式。所以，去动物园参观它们的时候，可不要随便站在貘的身后哟！

生物名片

哺乳纲

■**中文名** 亚洲貘
■**栖息地** 东南亚的森林
■**大小** 体长约2.3米
■**特点** 以树叶、树芽和果实为食，会用鼻吻部将植物钩到跟前

栉蚕会从脸颊两侧喷射黏液

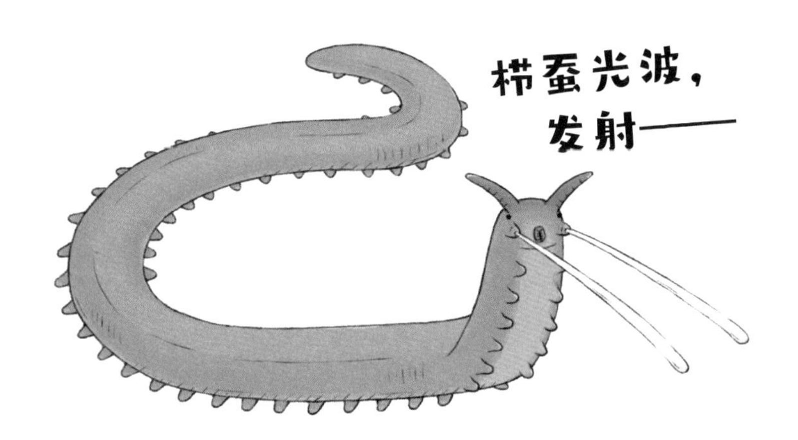

栉蚕也叫天鹅绒虫，在超过5亿年的岁月里它们的外形几乎没有变化，被人们称作**“活化石”**。栉蚕是肉食性动物，以小型昆虫为食，但捕食方式与众不同。

发现猎物时，**栉蚕会从脸颊两侧向四面八方喷射黏液，就像破裂的水管在不停滋水**。猎物会被粘住、动弹不得，沦为栉蚕的美餐。

栉蚕通过脸部两侧小孔射出黏液的样子，看上去**很像在呕吐**。曾有人深受其黏液所害，表示：“两年过去了，这黏糊糊的东西依然粘在相机上。”这小虫子看似人畜无害，实则不可小觑呢！

生物名片

有爪动物门

■**中文名** 栉蚕（有爪动物门的统称）
■**栖息地** 南美洲、澳洲、非洲、东南亚、热带地区的河边
■**大小** 全长约5厘米
■**特点** 肉乎乎的小短腿上还有爪子

Q 鸣声优美的金钟儿用哪个部位来听声音？ ➡ 答案见第116页

宽叶香蒲一碰就会“奓毛”

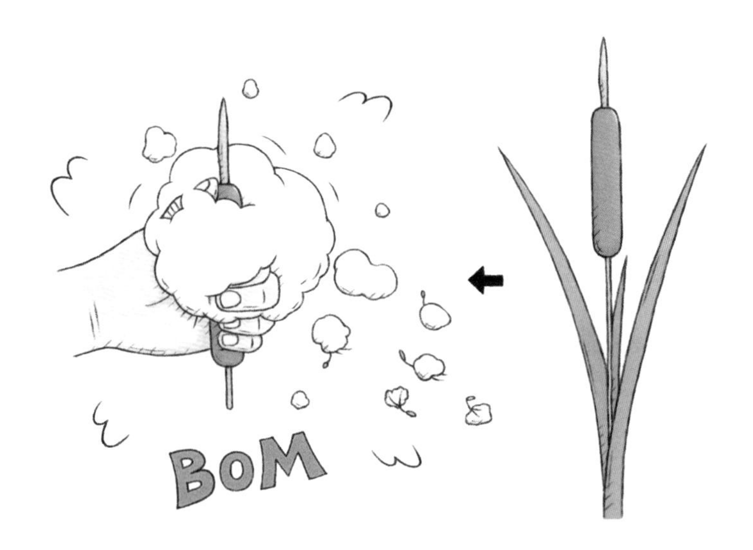

宽叶香蒲是一种水生植物，生长在沼泽、池塘、河流等水域，最高可以长到 2 米，**每到夏天就会开出稻穗状的花（花穗）**。

到了秋天，宽叶香蒲的花穗散落下来，许多果实在茎的末端聚集成果穗，人们把它叫作“蒲棒”。**蒲棒呈棕色的棒状，酷似法兰克福香肠**。如果你在河边初见到它们，可能会误以为是一串串烤肠。

不过，这种烤肠可是会“奓（zhà）毛”的。用手捏一捏蒲棒，它会马上奓开，飘出大量茸毛，变成棉花糖的样子。这可爱的“变身”自有妙用——宽叶香蒲的每根茸毛上都附着种子，可以随风飘散，扩大后代的栖息范围。

生物名片

被子植物门

- **中文名** 宽叶香蒲
- **栖息地** 热带至温带的水边
- **大小** 株高约2米
- **特点** 花粉可入药，有悠久的药用史

阿拉伯大羚羊喜欢一门心思向前冲

阿拉伯大羚羊**在野外一度已灭绝**。为了得到它们的皮毛和角，偷猎者对其大肆猎杀。

在逃脱敌人的追捕时，阿拉伯大羚羊有一个习惯——它们不会躲在高处或岩缝中，而是**全速全力地向前奔跑**，开着汽车便可以轻松追上它们。**只要算好时机，等到它们体力耗尽，徒手就能抓住**。这使得阿拉伯大羚羊不幸沦为人类的捕猎目标，个体数量急剧减少。

1972 年，阿拉伯大羚羊于野外绝迹。随后人们对事先保护起来的阿拉伯大羚羊开展人工繁育，待它们数量增加，再放归野外。但由于它们总是直来直去，**如今再次因盗猎而濒临灭绝**。

生物名片

哺乳纲

- **中文名** 阿拉伯大羚羊
- **栖息地** 西亚干燥的草原
- **大小** 体长约1.6米
- **特点** 据说是神话中独角兽的原型

A 第114页的答案 ➡脚。

长竹蛏很容易被抓住

海滩上栖息着许多双壳贝，长竹蛏（chēng）便是其中之一。或许很多人没有见过它们，这也是理所当然，因为它们**通常藏匿在超过30厘米深的巢穴中**，只有涨潮时才会伸出水管，捕食海水中的浮游生物。它们的防御策略非常完美，但喜爱美食的人类棋高一着。下面就教大家一个可以在5秒内抓住长竹蛏的方法。

只要往它们的巢穴里撒盐，长竹蛏很快就会冒出来，仿佛在呼喊："太咸了！太咸了！"这时候，用手指轻轻捏住，把它们一个个拔出来，就能收获一顿美味的晚餐啦！

生物名片

双壳纲

- **中文名** 长竹蛏
- **栖息地** 中国、日本、朝鲜半岛的潮滩
- **大小** 壳长约11厘米
- **特点** 拥有小刀般细长的壳

白头海雕成为夫妻需要勇气

白头海雕夫妻关系很好，一生中大部分时间都在一起。然而，为了成为夫妻，它们**必须经历一场危险的求爱仪式——“死亡螺旋”**。

雌雄两只白头海雕相互看对眼后，会在空中**互相把爪子扣在一起**，并停止扇动翅膀。

就这样，两只白头海雕**不停旋转着，急速下坠。这个过程中，它们不会松开对方**，通过坠落的高度来确认彼此的缘分和勇气是否足够。不过，也有个别情侣勇敢过了头，一头栽到地面上，为爱丧命。

生物名片

鸟纲

- **中文名** 白头海雕
- **栖息地** 北美洲的海岸、河流
- **大小** 全长约79厘米(雄性)
- **特点** 美国的国鸟，以鱼和水鸟为食

Q 体长不到10厘米的蜜袋鼯，身体的1/3都是哪个部位？ ➡ 答案见第120页

小眼绿鳍鱼因为胸鳍太大，无法逃走

小眼绿鳍鱼是“**会走路的鱼**”，身体两侧各有 3 条像腿一样的结构，可以在海底小步前行。而且，它们的“腿”上有能够辨别食物的传感器，可以**边走边寻找藏在沙中的虾和蟹**。

这些腿状结构其实是由胸鳍的一部分特化而来的。除此之外，它们还有一对巨大的胸鳍，颜色十分艳丽。

遭到敌人威胁时，小眼绿鳍鱼会**展开胸鳍，躲藏起来。但由于胸鳍过大，它们很难快速逃走**，有时会不幸被吃掉。不明真相的人看到这一幕，恐怕会替它着急：拜托，快逃命吧，现在可不是一边炫耀胸鳍，一边悠闲散步的时候啊！

生物名片

硬骨鱼纲

■ **中文名** 小眼绿鳍鱼
■ **栖息地** 俄罗斯东南部至中国南海的海底
■ **大小** 全长约50厘米
■ **特点** 鱼鳔可以发出“咕——咕——”的声音

细足珊瑚寄居蟹身为寄居蟹，却不能搬家

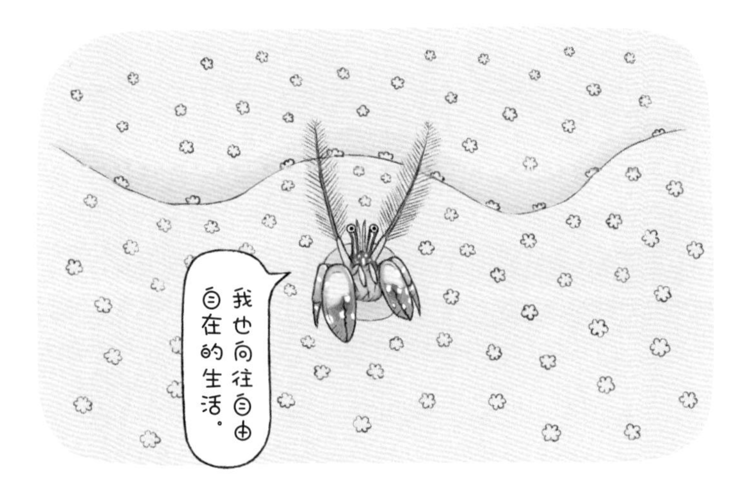

寄居蟹通常背着捡到的螺壳前行，一旦遇到敌人，就躲进壳里保护自己。

有一种细足珊瑚寄居蟹，生活在温暖海域的珊瑚礁上，却不能自由行走。**它们的腹部不能像其他寄居蟹那样蜷曲起来，也就无法钻进螺旋状的螺壳里**。

没有家总会缺乏安全感，于是，细足珊瑚寄居蟹**以珊瑚代替螺壳，借住在珊瑚的孔洞里**。它们只把头伸出洞口，不停地收集漂流过来的食物。同为“租房一族”的寄居蟹，租住方式也是五花八门呢。

生物名片

软甲纲

- **中文名** 细足珊瑚寄居蟹
- **栖息地** 印度洋至太平洋的珊瑚礁
- **大小** 壳宽约6毫米
- **特点** 用长有长毛的触角收集水中的食物

A 第118页的答案 ➡睾丸。

巴西达摩鲨通过在猎物身上挖洞来取食

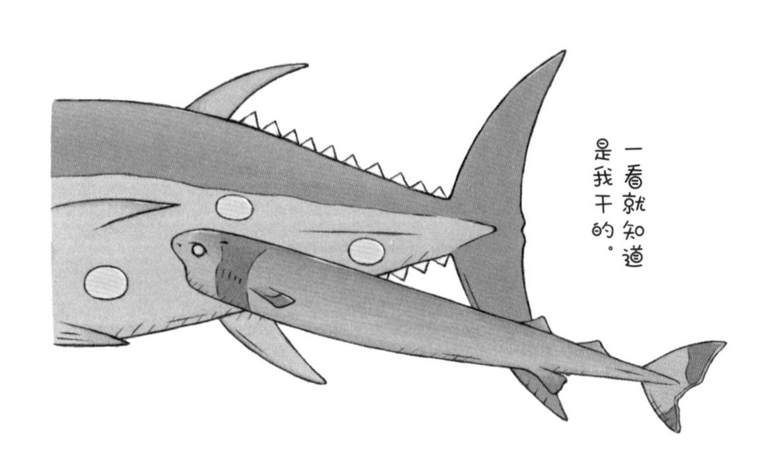

巴西达摩鲨体形虽小，却能以数米长的金枪鱼和鲸为食。它们如何猎食比自己大这么多的鱼？首先，巴西达摩鲨将嘴巴对准猎物，像吸盘一样将其吸住，然后**用两排锋利的牙齿刺入猎物的体表，并快速旋转自己的身体一周。就像用勺子舀冰激凌般，挖下一块猎物的肉。**

猎物的身体会留下一个直径 5 厘米左右的圆形伤口，**如果被巴西达摩鲨咬得到处都是，身上就会形成斑驳的“花纹”**。

因为咬下的肉块形似曲奇饼干，巴西达摩鲨拥有一个独特的英文名“Cookie-cutter Shark”，即“**饼干切割鲨**”，是不是非常形象？

生物名片

软骨鱼纲

- **中文名** 巴西达摩鲨
- **栖息地** 全世界的温暖海域
- **大小** 全长约50厘米
- **特点** 栖息于深海，夜晚会浮至浅海

海象通过歌唱比赛争夺老大的位子

海象并非一夫一妻制，**一头雄性海象会独占十几头雌性海象**，可谓妻妾成群。

不过，只有少数强壮的雄性才能做到这一点。到了繁殖期，**雄性海象们会互相争夺老大的位子**，而一决胜负的方法是“唱歌”。

雄性海象会各自**将丰富的音调组合在一起，发出浑厚有力的歌声**，以此吸引雌性海象，并向其他雄性示威。这样的竞争方式时髦又文艺，但**当无法通过歌声决出胜负时，就会升级为血腥的战斗**——这是动物的本性。

生物名片

哺乳纲

■**中文名** 海象

■**栖息地** 北冰洋周围的冰面和海岸

■**大小** 体长约3米

■**特点** 雄性的牙还可以在陆地上支撑身体

Q 大金丝燕的巢作为高级食材，是由什么做成的？ ➡ 答案见第124页

虎纹天蚕蛾遇到危险就会产卵

虎纹天蚕蛾是一种生活在南美洲丛林中的蛾子。当它们感觉到危险临近时，便会将翅膀竖起来，**露出身体上酷似胡蜂的花纹**。这是对敌人的威吓：“你敢碰我，可就危险了！”

但也有敌人并不会因此畏缩。这时，虎纹天蚕蛾会**默默地翻过身装死，雌蛾还可能会产卵**。

“我怎么样都无所谓，但一定要守护好我的孩子！”——究竟是这般动人的母爱故事，抑或只是因为过于紧张而产卵，真相至今还未探明。

生物名片

昆虫纲

■**中文名** 虎纹天蚕蛾
■**栖息地** 南美洲的森林
■**大小** 前翅长约15厘米(最大)
■**特点** 成虫口器退化无法取食，仅靠幼虫时摄入的营养生存

环尾狐猴体味越小，身体越差

在人类社会，体味太重往往是令人困扰的事情。但在环尾狐猴的群体里，**体味小的雄性被认为是不健康的**。这不仅会降低它们在猴群中的地位，雌性对它们的印象也会大打折扣。

要想体味浓郁，雄性环尾狐猴必须身体强健，大量摄食。这也就意味着需要许多能量，于是它们得出结论——**气味强烈浓郁，就代表强壮有活力**。

人们曾发现**因受伤而不够活跃的环尾狐猴，体味也会变弱**。都说“人不可貌相”，但环尾狐猴却可以凭体味一分强弱。

生物名片

哺乳纲

- **中文名** 环尾狐猴
- **栖息地** 非洲马达加斯加岛的森林
- **大小** 体长约40厘米
- **特点** 群体中雄猴的地位高于雌猴

A 第122页的答案➡口水。

尖牙鱼颜色太黑，在深海里很难被看清

尖牙鱼也叫角高体金眼鲷（diāo），是一种生活在 500 ～ 5000 米深海的鱼。它们外表看起来非常凶猛，有一口尖利的牙齿。不仅如此，还有一个特殊的能力——“隐身术”。

角高体金眼鲷的表皮含有大量黑色素。由于这种色素的特性，**其表皮能吸收 99.5% 的光线**。当光线照射到海里的角高体金眼鲷身上，只有 0.5% 的光反射回来，**它们看上去就像一团黑乎乎的阴影**。

为了捕捉到更多角高体金眼鲷的珍贵影像，深海摄影师仍在不断努力着。

生物名片

硬骨鱼纲

- **中文名** 角高体金眼鲷
- **栖息地** 热带到温带的深海
- **大小** 全长约18厘米
- **特点** 头和嘴很大，有锋利的牙齿

小抹香鲸会喷射粪便，趁机逃跑

小抹香鲸是一种小型鲸，有着大大的脑门、圆滚滚的身体。它们体形虽小，却**经常单枪匹马活动**，稍不留神就会被鲨鱼或虎鲸等天敌发现，遭遇大麻烦。在无处藏身的大海，除了逃跑别无选择。

这时候，小抹香鲸会使出强有力的招数——“**大便烟幕弹**”。在它们的**肠道中有一个储存红褐色液体的袋状器官，遭到敌人威胁袭击时，红褐色液体便会从屁股的小孔喷射出来**，在海水中如烟雾般扩散，遮蔽敌人的视野。正所谓“三十六计，走为上策”，小抹香鲸趁此间隙立刻逃离，要是逃得掉就算赢了。

生物名片

哺乳纲

- **中文名** 侏儒抹香鲸
- **栖息地** 热带到温带的深海
- **大小** 体长约2.2米
- **特点** 眼睛后面有一道很像鳃缝的花纹

Q 小头睡鲨成年需要多少年？

➡ 答案见第128页

剪嘴鸥狩猎全靠运气

剪嘴鸥生活在水边，它们是**唯一一种下喙比上喙长的鸟**，总是一副呆头呆脑的样子。

剪嘴鸥的下喙看起来有些笨拙，其实功能强大。其主要成分是角蛋白，与指甲的成分相同，不仅断裂后还能长出来，而且极薄，厚度仅 3 毫米，**即使在水下也没有阻力**。

剪嘴鸥一边飞掠河流、池塘的水面，一边用引以为豪的下喙像耕地一样在水面捕鱼。它们的觅食策略是“**只要坚持不放弃，鱼总会撞进嘴里**”，是否成功全靠运气。

生物名片

鸟纲

- **中文名** 非洲剪嘴鸥
- **栖息地** 非洲中部到南部的湖泊、沼泽、河流及海岸
- **大小** 全长约38厘米
- **特点** 在河流的沙洲上挖浅洞筑巢

长颈鹿的生活充满了不可思议：一天只睡20分钟、头上有5只角、认真跑起来时速可达60千米、平常用舌头抠鼻屎……最不寻常的，还数它们长长的脖子。长颈鹿**5米高的身体有一半都是脖子**，而且它们**还会像挥鞭子一样甩着长脖子打架**。

为了争夺雌性，雄性长颈鹿之间经常“脖斗”。它们用角撞击对方所造成的冲击相当剧烈，**严重时会导致颈椎折断而死**。

不过，**一方一旦感觉要输，只需要用脖子轻轻蹭蹭对方的脖子，就意味着申请停战**，有点儿像在缴械投降，也为这场争斗画上了休止符。

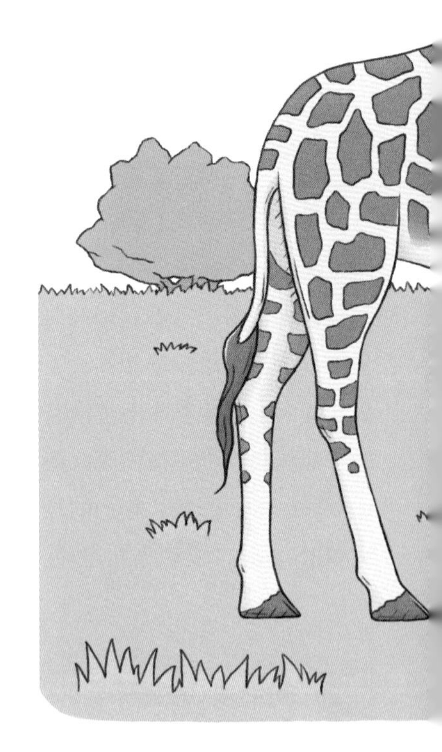

生物名片

哺乳纲

- **中文名** 网纹长颈鹿
- **栖息地** 非洲撒哈拉沙漠以南的热带草原
- **大　小** 体长约4米
- **特　点** 集群生活，但没有特定的首领

A 第126页的答案➡大约150年。

长颈鹿投降时蹭对方的脖子

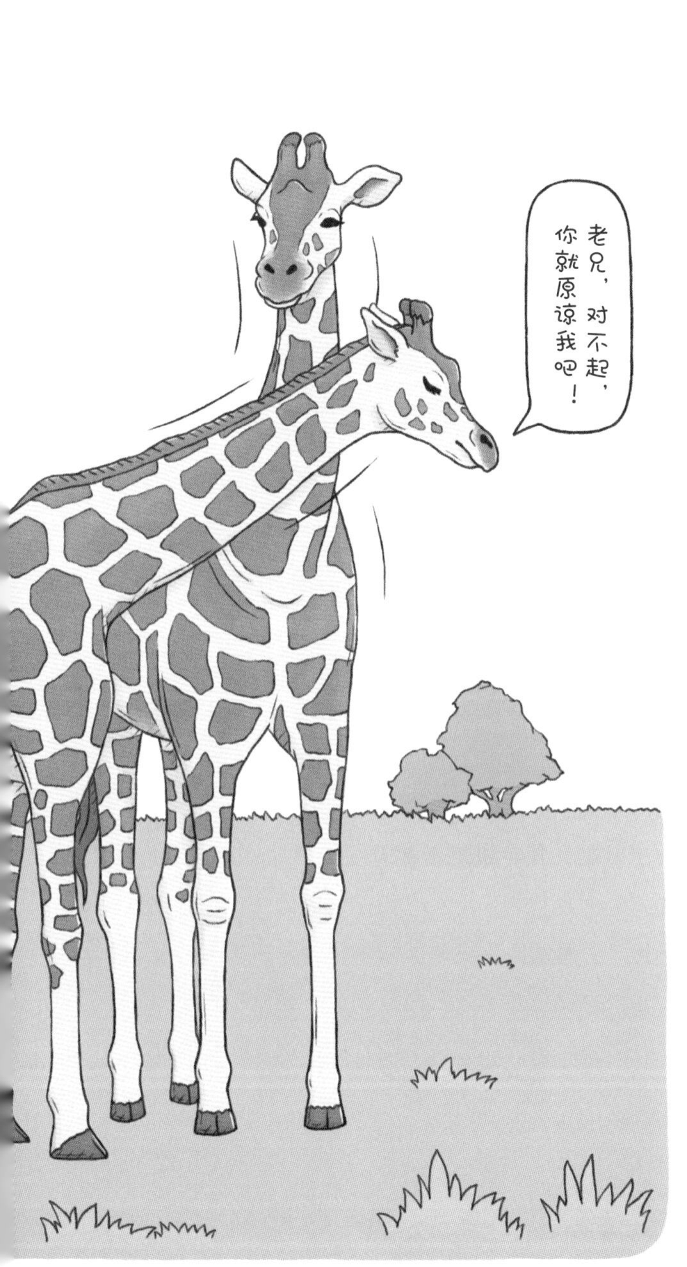

兰州龙的牙齿巨大无比，但它们只吃柔软的食物

兰州龙是植食性恐龙，生活在距今约 1 亿 4000 万年的白垩纪前期。它们最显著的特征是**长着一口异常巨大的牙齿**——每颗牙齿大约长 14 厘米、宽 7.2 厘米，**和手机差不多大**。

你可能会想：有这么大的牙齿，它们一定能大快朵颐，想吃什么吃什么。**可实际上，兰州龙似乎只吃柔软的植物**。人们通过研究化石发现，兰州龙上下牙的咬合并不好，也缺乏磨碎植物所需的牙齿。那么，它们的牙齿为什么会变得如此巨大呢？这个谜至今仍未解开。

生物名片

爬行纲

■**中文名** 兰州龙（已灭绝）

■**栖息地** 中国的森林

■**大小** 全长约10米

■**特点** 因化石发现于中国兰州市而得名

Q 曲冠簇舌巨嘴鸟留着怎样的发型？ ➡ 答案见第138页

美丽尾瘦虾冒着生命危险给鱼刷牙

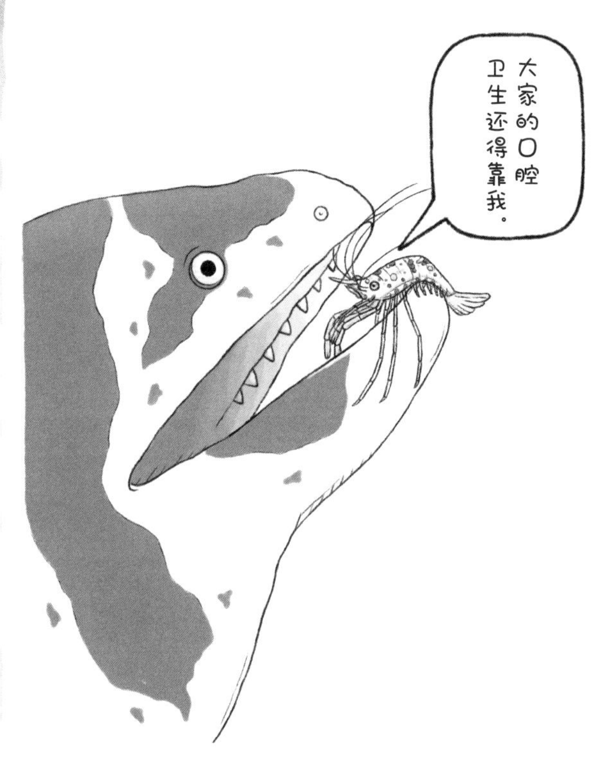

美丽尾瘦虾以海鳗等**大型鱼类身上的寄生虫及其牙齿上的食物残渣为食，有这种习性的小虾也被称为“清洁虾”**。对于海鳗来说，美丽尾瘦虾是帮它刷牙的好伙伴。双方看似可以永远友好地生活在一起，可惜这并不是故事的结局。

美丽尾瘦虾并非一刻不停地清理食物残渣。在生长过程中，随着体形不断增大，它们需要蜕壳，换上新壳。趁着美丽尾瘦虾歇手的工夫，**海鳗会猛地大口把它吞下**，弱肉强食的本性暴露无遗。这样看来，可怜的美丽尾瘦虾简直是在豁出性命为鱼刷牙啊！

生物名片

软甲纲

- **中文名** 美丽尾瘦虾
- **栖息地** 印度洋、太平洋的温暖海域
- **大小** 体长约2厘米
- **特点** 俯瞰尾巴上的花纹很像月牙

犀鸟

雌鸟会堵住巢的入口，宅在里面养育孩子。雄鸟通过缝隙将食物递给家人。

白骨顶

有时只给一只雏鸟喂食，其他雏鸟则会饿死。

浣熊

为了不被敌人伤害，浣熊从小在严格的教导下学习爬树。

猩猩

一直喝母乳到 6 ~ 8 岁，娇生惯养。

你我大不同

动物大集合：奇特的育儿方法

所有动物都希望自己的孩子可以健康茁壮地成长。
不过有一些动物的育儿方式，在我们看来多少有些不可思议。
一起瞧瞧它们是如何努力养育子女的吧。

帝企鹅

雌性出去觅食，雄性一边照看孩子一边等待雌性，其间断食两个月。

章鱼

雌性一直守护着自己产下的卵，当卵孵化后，它的生命就结束了。

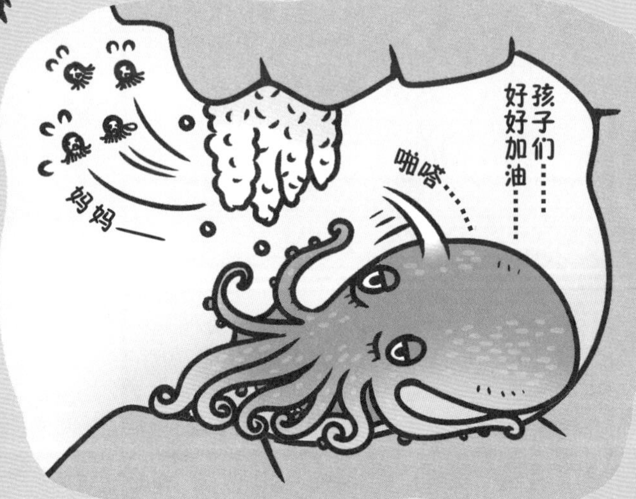

※生物分类从大到小的等级依次是界、门、纲、目、科、属、种。这部分介绍的是在科、属、种下都唯一的奇特动物。

我是鸵鸟，哇哈哈哈！众所周知，我跑步很快！但是！这双引以为傲的腿，可不仅仅是跑得快而已。我还有强大的踢力，一旦有情况，可以随时应战！许多肉食动物都在我脚下尝过苦头哟！

鸵鸟

鸵鸟科鸵鸟属的唯一物种

4 拥有特殊能力的鸟类

嘿！我是麝雉（shè zhì）！别人常说我长大后，酷似长着羽毛的恐龙——始祖鸟！我不太擅长飞翔，不过，始祖鸟也不擅长飞翔。这么说来，我们简直一模一样！

我是蛇鹫（jiù），睫毛弯弯，面容姣好；双腿纤长，模特身材。三百六十度，完美无死角。我最爱的食物是蛇，嘻嘻～

麝雉

麝雉科麝雉属的唯一物种

蛇鹫

蛇鹫科蛇鹫属的唯一物种

第6章 让人遗憾的搭档

生物不是独自生存在世界上。

本章以左右一组的形式介绍几对搭档，

它们会让你觉得：

“无论哪边，都令人遗憾啊！”

老鼠其实不喜欢吃奶酪

提到老鼠喜欢的食物，我们的脑海中会立刻浮现出奶酪。但实际上，老鼠不爱吃奶酪。英国的一档节目做过实验，将奶酪、花生和葡萄摆在老鼠面前，**多数老鼠都径直走向了花生**。

其实，**老鼠喜欢吃高热量的食物**。它们体形小，散热快，因此，**量少、热量高的食物对它们来说是最棒的佳肴**。为了获取大量热量，不管是面包还是黄油，它们都欣然接受。

老鼠喜欢奶酪的形象之所以广为流传、深入人心，应该是受了动画片《猫和老鼠》的影响。

生物名片

哺乳纲

- **中文名** 黑家鼠
- **栖息地** 世界各地的住宅
- **大小** 体长约20厘米
- **特点** 擅长爬高，会在阁楼里乱窜

A 第130页的答案➡一头小鬈发。

狮子也并不讨厌吃草

狮子**不能以草为食**，它们无法消化青草，便会将其吐出来。利用这一特性，动物园会定期给狮子喂青草，帮助它们吐出胃里的毛球——和猫一样，狮子也有舔毛的习惯，久而久之，胃里的毛会积聚成球。

另外，青草中含有许多肉里没有的营养物质。对狮子而言，这些营养物质不可或缺，它们并不讨厌吃草，时不时也需要换换口味嘛。

野生狮子捕捉到猎物后，第一件事就是将猎物开膛破肚，食用其内脏。这是因为**食草动物的内脏里有消化成糊状的草，狮子靠吃这种“加工”好的草来补充营养**。

生物名片

哺乳纲

■**中文名** 狮子
■**栖息地** 非洲、印度的草原
■**大小** 体长约2.4米（雄性）
■**特点** 雄狮会赶走雌狮和幼崽，独自享用猎物

樱井蛙只有在繁殖季节才会变软

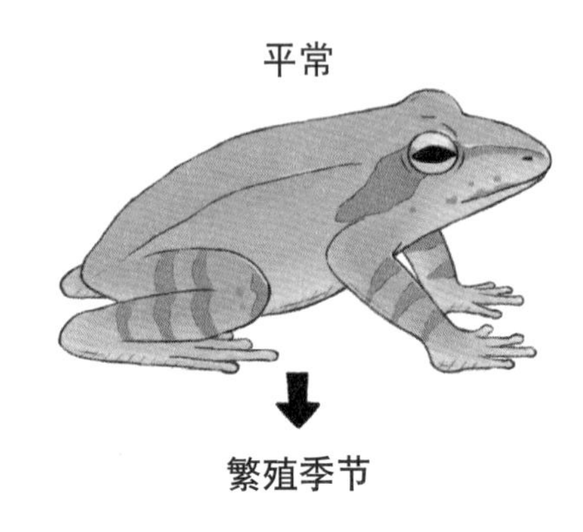

每到恋爱的季节，雄性樱井蛙便会变得“柔情似水”。

樱井蛙平常栖息在森林里，**到了秋季繁殖期就进入河中**。在河里，**为了最大限度地利用皮肤呼吸，雄性樱井蛙的皮肤会像吸水后被泡涨的裙带菜一样，软绵绵地舒展开来。**

难得迎来恋爱季，雄蛙却要以如此邋遢的姿态出现，不免令人有些担忧。其实，它们这样做可以增加体表面积，从水中吸取更多氧气。

虽然准备得十分充分，雄蛙有时却认不出雌蛙。有的雄蛙会紧紧搂住河里的鱼，试图与对方繁衍后代。

生物名片

两栖纲

■**中文名** 樱井蛙
■**栖息地** 日本关东地区山地的河流
■**大小** 体长约5厘米
■**特点** 日本特有物种，栖息在海拔1000米高的河流

Q 双叉犀金龟和菜粉蝶，谁飞得更快？

➡ 答案见第142页

髭蟾只有在繁殖季节才长刺

恋爱时想要扮酷来吸引异性的注意，似乎不只是人类的专利。

髭（zī）蟾栖息于中国的溪流间，平时看上去是一只再普通不过的蛤蟆。**一旦到了繁殖季节，雄性髭蟾的嘴上会长出 10 ~ 16 根黑色的刺，就像邋遢的胡茬**。这些刺像铅笔芯一样又尖又硬，**是它们与其他雄性战斗时的武器**。

许多只雄性髭蟾会围绕着产卵地争夺不休。它们**像相扑比赛一样两两扭打在一起，把“胡须”刺向对方的肚子**，胜利的一方可以召唤雌蛙来产卵。几个月后，它们又会变回那只不起眼的小蛤蟆。

生物名片

两栖纲

- **中文名** 髭蟾
- **栖息地** 中国山区的森林
- **大小** 体长约7厘米
- **特点** 可能因环境变化而面临灭绝

猪笼草是树鼩的厕所

猪笼草是一种以昆虫等小型动物为食的植物。这种植物相当可怕，一旦猎物落入瓶状的捕虫笼，它们就会**用消化液将其消化成糨（jiàng）糊**。

可悲的是，有些猪笼草生长在昆虫稀少的高山地区。不过，那里的猪笼草也有自己的生存之道——成为“厕所”。**它们的笼盖内侧能分泌美味的花蜜，吸引树鼩前来舔食，并在捕虫笼里大便**——树鼩的便便中含有猪笼草生长所需的营养。

知道了这个“设定”再看猪笼草，总觉得它就像一个打开了马桶盖的坐便器，让人不忍直视。

生物名片

被子植物门

■**中文名** 马来王猪笼草
■**栖息地** 东南亚加里曼丹岛的高山
■**大小** 高约45厘米（捕虫笼）
■**特点** 捕虫笼是由叶子的一部分特化而来的

A 第140页的答案➡菜粉蝶。

然后，树鼩会落入猪笼草的陷阱

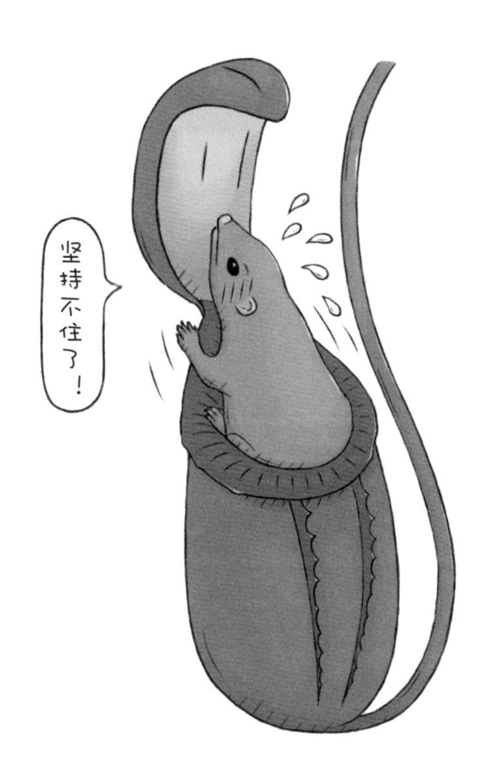

对于树鼩来说，猪笼草或许比便利店还要便利，有了它，就可以**一次性解决吃饭和上厕所两件事**。

但是一不留神，树鼩就会堕入地狱。生长在高山地区的猪笼草，捕虫笼最长有 50 厘米，里面有超过 2.5 升的水和消化液，且内壁非常光滑，**不小心掉进去，想出来就很难了**。

树鼩排便时，一旦脚下一滑掉进捕虫笼里，一切就都结束了。接下来，笼内的**消化液会慢慢将其消化，转化为猪笼草所需的养分**。

生物名片

哺乳纲

- **中文名** 山地树鼩
- **栖息地** 东南亚加里曼丹岛的森林
- **大小** 体长约20厘米
- **特点** 眼和大脑较大，被认为和灵长类亲缘关系较近

非洲艾虎特别臭

非洲艾虎也被称为非洲臭鼬（yòu），是黄鼠狼（黄鼬）的亲戚，同属于鼬亚科。非洲艾虎体表毛色为黑色，背部有白色的条纹，看起来和臭鼬几乎一模一样，而它们的相似之处不仅于此。

当遭遇敌人的威胁时，非洲艾虎和臭鼬一样，会**从屁股喷射臭液，赶走敌人**。据说它们的臭液比臭鼬的还臭，气味可以**随风飘散到1000米以外的地方**。如果臭液喷到敌人的脸上，会令对方痛苦不堪，内心直呼："我的眼睛！"

然而，有些敌人非常强悍，并不惧怕臭味。这时候，非洲艾虎只能**靠装死蒙混过关**。

生物名片

哺乳纲

■**中文名** 非洲艾虎
■**栖息地** 非洲南部的森林
■**大小** 体长约32厘米
■**特点** 老鼠的天敌，有时人们用它来驱除老鼠

Q 钩鱼的卵在哪里孵化？

➡ 答案见第146页

巨魔芋的花也特别臭

以臭味作为武器的，不仅仅是动物。生长在热带雨林的巨魔芋，**花朵会散发出腐肉般的气味**。

它们特意散发出这种气味，是为了吸引一种名为葬甲的昆虫。**葬甲以动物尸体为食，这种臭味会让它们误以为有大餐而赶来，带走巨魔芋的花粉，帮助其授粉**。

巨魔芋每隔几年才开一次花，花期仅有两天，非常罕见。中国有不少植物园都栽培了这种植物，大家有空时可以去感受一下它们的臭味哟！很可能会让你久久难忘。

生物名片

被子植物门

- **中文名** 巨魔芋
- **栖息地** 印度尼西亚苏门答腊岛的丛林
- **大小** 高约3米
- **特点** 花朵酷似烛台和蜡烛

赤大袋鼠兴奋时分泌鲜血般的液体

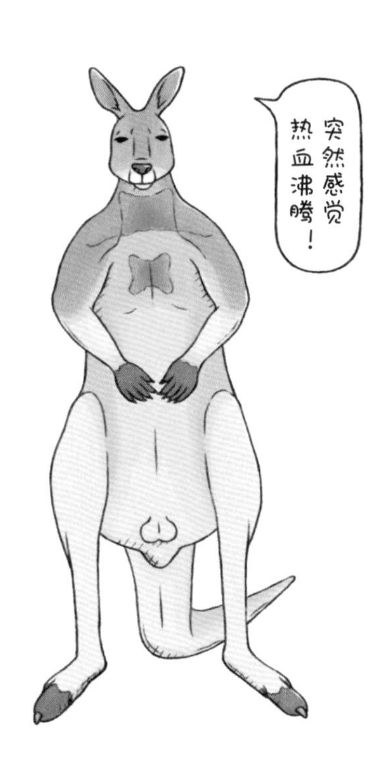

成年雄性赤大袋鼠浑身红通通的，然而，**雌性和幼崽则是一身蓝灰色的皮毛**，完全看不出红色。

其实，它们的皮毛原本颜色相同。之所以看起来颜色不一样，是因为**成年雄性赤大袋鼠会在兴奋时从胸部和喉咙分泌红色液体，将全身的毛染成红色。**

产生红色液体的原因尚不明了，但这种液体看起来和鲜血非常相似，以至于动物园接到过热心群众的电话——“有只袋鼠的脖子在流血，好像要死了！”而这只赤大袋鼠明明睡得好好的。

生物名片

哺乳纲

- **中文名** 赤大袋鼠
- **栖息地** 澳大利亚的平原
- **大小** 体长约1.2米
- **特点** 一次跳跃可前进8米

A 第144页的答案➡爸爸的额头。

沙大袋鼠兴奋时舔自己的胳膊肘

沙大袋鼠外表与赤大袋鼠相似，体形相对较小。它们兴奋时，也有点儿奇怪。雄性沙大袋鼠和其他雄性打架时，会突然**开始舔自己的胳膊肘，仿佛在说："我真的忍无可忍了！"**

这一行为看上去很像电视剧里的反派角色通过舔刀来显示自己有多么强悍，但实际上它们这么做是有原因的——舔在胳膊上的**唾液可以帮助身体散热，使体温下降，让自己冷静下来。**

在水资源匮乏的地区，沙大袋鼠想出了这个妙招，可以避免过度消耗体力。

生物名片

哺乳纲

- **中文名** 沙大袋鼠
- **栖息地** 澳大利亚北部、新几内亚的森林和草原
- **大小** 体长约80厘米
- **特点** 旱季会吃树根来补充水分

吸血蝠互相分享血液

吸血蝠会用锋利的牙齿刺伤牛等动物的身体，吸取它们的血液，是名副其实的“吸血鬼”。但出乎意料的是，**吸血蝠同伴间关系密切，雌性吸血蝠会以群体的形式来抚养孩子。**

吸血蝠连续两晚吸不到血就会饿死。如果有雌性吸血蝠因为找不到血而挨饿，其他雌性同伴会**将自己喝下的血吐出来，与它分享。**

但也有些雌性吸血蝠比较自私，不愿意分享血液。可一旦到了紧要关头，**它们也无法从其他雌性那里分到血液。**俗话说“远亲不如近邻”，危难时想得到帮助，平时还得维护好邻里关系啊！

生物名片

哺乳纲

- **中文名** 吸血蝠
- **栖息地** 中南美洲的森林
- **大小** 体长约9厘米
- **特点** 能够感知动物散发的热量，从而追踪对方

Q 松鼠埋起来的橡子中，有多少还能挖出来？ ➡ 答案见第150页

西部洞穴蝾螈以蝙蝠的粪便为食

与群居的吸血蝠不同，西部洞穴蝾螈**从出生起便一直独自生活**，甚至与其他生物没有任何联系。西部洞穴蝾螈**一生都在漆黑的洞窟中度过，几乎不会踏出洞窟一步**。

洞窟里虽然安全，但也有困扰——它们的食物昆虫不会进入洞中。

于是，**西部洞穴蝾螈将目光转向了蝙蝠的粪便**。粪便中含有蝙蝠吃下的昆虫的残渣。就这样，它们坐享其成，享受舒适惬意的蛰居生活。除了食物难以接受，这样的日子真让“宅男宅女”羡慕啊！

生物名片

两栖纲

- **中文名** 西部洞穴蝾螈
- **栖息地** 北美洲的洞窟
- **大小** 全长13.5厘米
- **特点** 幼年时有眼睛，随着成长逐渐消失

章鱼被海豚当球玩儿

章鱼有 5 亿个脑神经细胞，和狗的脑神经细胞数量相差无几，被认为是**一种高智商的生物**。举个例子，它们能分辨出不同的人，还会向自己讨厌的人喷水，甚至能拧开瓶盖。

你可能会想：它们既然这么聪明，一定不会轻易被敌人抓住吧。可实际上，**面对海豚，章鱼束手无策**。海豚会把章鱼从岩石的缝隙中拽出来，**把它们当成球，和同伴玩我抛你接的游戏**。

不仅如此，章鱼被玩死后，海豚有时不会把它吃掉，而是选择默默离开。站在章鱼的立场看，简直是死不瞑目啊！

生物名片

头足纲

- **中文名** 普通章鱼
- **栖息地** 广泛分布在温暖海域
- **大小** 全长约55厘米
- **特点** 白天将身体蜷成一团，隐藏在巢穴中

A 第148页的答案➡六成左右。

但是，海豚可能会被章鱼噎死

章鱼是营养丰富的佳肴，但它们张牙舞爪的样子让海豚无从下嘴。

因此，海豚在吃章鱼前，会反复将章鱼抛向高处。**章鱼多次被摔打在海面上，身体逐渐变软**。等到章鱼变得虚弱无力，海豚再咬住它的头部，整个吞下。

但是，可不要小瞧章鱼的生命力。即使没有了头，它们的吸盘仍然可以活动。**如果章鱼个头太大，腕上的吸盘恰好吸住了海豚的喉咙，甚至会导致海豚窒息而死**。

生物名片

哺乳纲

- **中文名** 印太瓶鼻海豚
- **栖息地** 广泛分布在温暖海域
- **大小** 体长约2.5米
- **特点** 有时会集结成100头以上的大型群体在海中活动

印度犀难以抵挡蚊子的攻击

印度犀是陆地上第二大哺乳动物，仅次于大象。它们拥有**巨大的角和铠甲般厚厚的皮肤**。遇到陌生的同伴时，印度犀不会亲切地问好，而是**用角互戳对方的身体**。这种豪爽的问候方式，大概只有皮肤坚硬厚实的印度犀才能做到。

如此强悍的印度犀，一定能轻松扛住各种攻击吧？但其实它们的皮肤相当敏感，很容易被晒伤。**因此，印度犀需要时常用清水或泥浆洗澡护肤**。而且，它们抵挡不住蚊子的偷袭。**如果挨了蚊子咬**，印度犀的**皮肤会变得又红又肿、瘙痒难耐**，**和人类被咬后的反应是一样的**。

生物名片

哺乳纲

■**中文名** 印度犀

■**栖息地** 印度北部的湿地

■**大小** 体长约3.5米

■**特点** 体表有明显的褶皱，仿佛身披铠甲

Q 什么真菌能将蝗虫变成“木乃伊”？

➡ 答案见第154页

蚊子会记仇

蚊子的厉害有目共睹——即使是皮糙肉厚的犀牛，也会被咬得瘙痒不已。你是否有过这样的经历：费了很大劲儿想拍死一只蚊子，却还是让它逃走了。不必感到不甘，或许你的辛苦并没有白费。

美国华盛顿大学的一项研究显示，伊蚊很可能可以记住试图拍死自己的人的气味，并会暂时避开这个人，这一效果可持续 24 小时以上，**几乎与驱蚊剂效力相当**。这样看来，它们似乎相当“记仇”。

不过请注意，这种效果只在伊蚊身上得到了确认。**有的蚊子并不在乎，还会继续纠缠不休，非要叮你一下不可。**

生物名片

昆虫纲

- **中文名** 埃及伊蚊
- **栖息地** 广泛分布在热带至亚热带地区
- **大小** 体长约3毫米
- **特点** 蚊子叮咬有传播疾病的风险

猫尝不出甜味

人类能够感知的味道大致可分为 5 种：甜味、酸味、咸味、苦味和鲜味。让人意外的是，猫不仅对咸味和鲜味不太敏感，也**几乎尝不出甜味**。

通常，只有当食物含有足量糖分时，才能从中尝出甜味。而猫在被人类驯化以前，只吃动物的肉，**里面几乎不含糖分**。后来，人们在研究中发现，猫对甜味极不敏感。

但它们对酸味和苦味非常敏感。**发酸、发苦的食物往往是有毒或已经腐坏的**，会给身体造成伤害。为了避免误食，它们对这两种味道尤为敏感。

生物名片

哺乳纲

■ **中文名** 猫(统称)

■ **栖息地** 在世界范围内被广泛饲养

■ **大小** 体长约45厘米

■ **特点** 肉食性动物，捕食小型动物和鸟类

A 第152页的答案➡蝗噬虫霉。

狗尝不出咸味

猫尝不出甜味，**狗似乎很难感知到咸味。**

在被人类驯化前，狗生活在草原上，成群结队地捕猎其他动物为生。研究者普遍认为，它们从那时开始，便能**从肉和血液中获得足够的盐分，所以舌头上用来品尝咸味的味觉神经越来越不发达**。尝一下犬用肉干，你会发现基本上没什么味道。

不过，狗对甜味格外敏感，很喜欢吃水果。与猫这种纯肉食性动物相比，狗是杂食动物，在野外生活时也会隔三岔五吃点儿植物。虽然猫也会吃猫草（麦苗等），但主要是借助其中的植物纤维来帮助排出体内的毛球。

生物名片

哺乳纲

- ■**中文名** 狗（统称）
- ■**栖息地** 在世界范围内被广泛饲养
- ■**大小** 体长约45厘米（柴犬）
- ■**特点** 早在2万年前就已被人类饲养

索 引

介绍本书中出现的同类生物。

脊索动物

长有脊椎（脊柱）或脊索（原始的脊柱）的动物。

胎生，父母生下与自己形态相似的孩子，用乳汁喂养。恒温，用肺呼吸。

黑帽卷尾猴……25
山地大猩猩……26
貉……28
水豚……30
食蟹猕猴……32
更格卢鼠（旗尾更格卢鼠）……36
美洲野牛……40
袋獾……55
藏狐……57
大食蚁兽……66
棉顶狨……70
北极兔……74
考拉（树袋熊）……84
海獭……86
泛美地懒（已灭绝）……89
斑马（平原斑马）……90
红松鼠（北美红松鼠）……92
驼鹿……98
伊犁鼠兔……100
贝加尔海豹……101
长鼻猴……103
貘（亚洲貘）……113
阿拉伯大羚羊……116
海象……122
环尾狐猴……124
小抹香鲸（侏儒抹香鲸）……126
长颈鹿（网纹长颈鹿）……128
老鼠（黑家鼠）……138
狮子……139
树鼩（山地树鼩）……143
非洲艾虎……144
赤大袋鼠……146
沙大袋鼠……147
吸血蝠……148
海豚（印太瓶鼻海豚）……151
印度犀……152
猫（统称）……154
狗（统称）……155

卵生，大多长有翅膀，能翱翔于天际。恒温，用肺呼吸。

巨鹱……24
北美鹈鹕……33
斑鸠……34
沼泽带鹀……42
黑鹭……45
鸮鹦鹉……46
火烈鸟（大红鹳）……54

Q 西非低地大猩猩拉丁学名叫什么？

➡ 答案见第158页

王企鹅……82
鸽子（家鸽）……83
虎头海雕……96
灰翅喇叭鸟……102
白头海雕……118
剪嘴鸥（非洲剪嘴鸥）……127

爬行纲

卵生，用肺呼吸，体温随周围环境的温度变化。

红耳龟（密西西比红耳龟）……44
马达加斯加叶尾守宫……60
哈兹卡盗龙（埃氏哈兹卡盗龙，已灭绝）……62
蠵龟……69
霸王龙（已灭绝）……112
兰州龙（已灭绝）……130

卵生，幼时在水中用鳃呼吸，成体变为用肺呼吸。体温随周围环境的温度变化。

樱井蛙……140
髭蟾……141
西部洞穴蝾螈……149

在水中生活，用鳍游泳。大多为卵生。体温随周围的水温变化。

鲯鳅……35
弹涂鱼……37
瓦氏眶灯鱼……67
侧带拟花鮨……68
五彩鳗……72
绿短革鲀……93
食人鲳……95
假鳃鳉（弗氏假鳃鳉）……97
小眼绿鳍鱼……119
尖牙鱼（角高体金眼鲷）……125

卵生、卵胎生或胎生。在水中生活，用鳍游泳，骨架由软骨构成。

巴西达摩鲨……121

无脊索动物

没有脊椎（脊柱）或脊索（原始的脊柱），脊索动物以外的动物。

身体分为头、胸、腹3部分。大多长有触角和翅膀，足有3对6只。

粗喙象……29
豹灯蛾……38
颜蜡蝉……43
角蝉（角蝉科的统称）……58
白蚁（栖北散白蚁）……71
撒哈拉银蚁……87

蝉（黑胡蝉）……………………94
虎纹天蚕蛾……………………123
蚊子（埃及伊蚊）……………………153

软甲纲

身披甲壳，呈虾形或蟹形。绝大多数时间生活在水中，用鳃呼吸。

圆球股窗蟹……………………88
卷甲虫（普通卷甲虫）……………………110
细足珊瑚寄居蟹……………………120
美丽尾瘦虾……………………131

蛛形纲

嘴边有名为螯肢的器官。脚通常有 4 对 8 只。

蓝翠蛛……………………39
澳链尾蝎……………………99

头足纲

乌贼、章鱼的同类。身体分为头、躯、腕 3 部分，腕从头部生出。

章鱼（普通章鱼）……………………150

腹足纲

螺的同类。身体柔软，多有螺形壳。

鲍鱼（皱纹盘鲍）……………………75

双壳纲

两片贝壳左右包裹住柔软的身体。没有头。

长竹蛏……………………117

钵水母纲

在水中生活，身体呈果冻状。漂浮于水中，用触手捕捉猎物。

水母（巴布亚硝水母）……………………65

海参纲

身体柔软、细长，呈圆柱形。背部长有赘疣状突起。

海参（绿刺参）……………………63

有爪动物门

身体柔软、细长。多数长有足，以小型昆虫等为食。

栉蚕（有爪动物门的统称）……………………114

单殖吸虫纲

寄生在鱼鳃等处的寄生生物。多为雌雄同体，没有雄性、雌性之分。

日本真双身虫……………………41

A 第156页的答案 ➡ *Gorilla gorilla gorilla*。

植物

利用水、二氧化碳、阳光制造能量。

车前草……31

郁金香……56

香蕉……61

土豆（马铃薯）……85

宽叶香蒲……115

猪笼草（马来王猪笼草）……142

巨魔芋……145

真菌

蘑菇、霉菌、酵母等。靠寄生或腐生的方式生存。

奥氏蜜环菌……64

图书在版编目（CIP）数据

更遗憾的进化. 3 /（日）今泉忠明编 ;（日）下间文惠等绘 ; 王雪译. -- 海口 : 南海出版公司, 2024.3
ISBN 978-7-5735-0630-6

Ⅰ. ①更… Ⅱ. ①今… ②下… ③王… Ⅲ. ①生物－进化－少儿读物 Ⅳ. ①Q11-49

中国国家版本馆CIP数据核字(2023)第234496号

著作权合同登记号 图字：30-2023-103

更遗憾的进化

〔日〕今泉忠明 编
〔日〕下间文惠 等绘
郑钰晓 王卉媛 王雪 译

出 版 南海出版公司 (0898)66568511
海口市海秀中路51号星华大厦五楼 邮编 570206
发 行 新经典发行有限公司
电话(010)68423599 邮箱 editor@readinglife.com
经 销 新华书店

责任编辑 崔莲花 郭 婷
特约编辑 谌宣蓁
装帧设计 王小喆
内文制作 王春雪

印 刷 北京奇良海德印刷股份有限公司
开 本 889毫米×1194毫米 1/32
印 张 15
字 数 240千
版 次 2024年3月第1版
印 次 2024年7月第2次印刷
书 号 ISBN 978-7-5735-0630-6
定 价 147.00元（全3册）